패션 스쿨

# 패턴을 그리고
# 옷을 만들다

민옥인 저

예신 Books

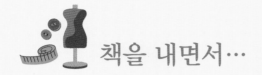

# 책을 내면서…

누구나 쉽게 패턴을 그리고, 옷을 만들 수 있다!!!

이 책은 옷을 좋아하는 일반인이나 패션을 전공하는 학생들이 패턴부터 봉제 작업까지 누구든지 따라 할 수 있도록 만드는 과정을 사진으로 하나하나 분리하여 체계적으로 설명하였습니다.

또한 의류 패션 산업 현장에서 사용되는 현장 용어는 대부분 일본어나 외래어가 많기 때문에 생소해 보일 수 있으므로 순화해서 사용할 수 있도록 봉제 순화 용어를 수록하였습니다.

자신의 소중한 꿈을 이루고자 한다면 끝없는 노력과 쉽게 꺾이지 않는 의지를 가지는 것이 중요하다고 생각합니다. 자신의 부족함을 아쉬워하고 현실에 좌절하는 것은 우리에게 어울리지 않습니다.

흔히 사람들은 기회를 기다리지만, 기회는 기다리는 사람에게 잡히지 않는 법입니다. 기회를 기다리는 사람이 되기 전에 기회를 얻을 수 있는 실력을 갖춰야 합니다. 기회가 오면 준비가 되어 그 기회를 잡을 수 있는 여러분이 되셨으면 합니다.

책을 준비하면서 몇 번을 반복하여 검토했음에도 미처 다루지 못한 부분이나 오류에 대해서는 지속해서 수정, 보완해 나갈 것을 약속드립니다.

끝으로 저를 믿고 책을 출판할 수 있도록 도와주신 남상호 상무님, 저에게 늘 조언과 사랑을 아끼지 않으시는 김남선 선생님, 좋은 책이 나올 수 있도록 꼼꼼하게 편집을 도와주신 도서출판 **예신** 편집부 직원들, 옆에 있는 것만으로도 든든한 사랑하는 가족, 저를 항상 걱정하며 챙겨주시는 이 세상에서 가장 멋진 이영희 여사님!!! 가장 미안하고 고맙고, 사랑합니다.

민옥인 씀

# 차례 CONTENTS

## 봉제 준비

## 지퍼

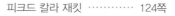

피크드 칼라 재킷 ………… 124쪽

스탠드 칼라 랜턴 소매 재킷 ·· 147쪽

솔 칼라 재킷 ……………… 166쪽

## 다트

## 몸판

하이 네크라인 재킷 ······ 181쪽

하이 웨이스트 스커트 ····· 201쪽

## 네크라인

## 소매

10쪽 사선 고어드 스커트 ··· 214쪽

부분 주름 스커트 ········· 225쪽

## 칼라

H라인 요크 스커트 ····· 237쪽

## 재킷 만들기

## 스커트 만들기

## 팬츠 만들기

일자형 팬츠 ⋯⋯⋯⋯⋯ 258쪽

배기팬츠 ⋯⋯⋯⋯⋯ 272쪽

# 봉제 준비

패턴, 의복 제작 시 필요한 도구 및 용구의 명칭이나 사용 용도를 정확하게 알고 사용하면 보다 빠르고 편리하게 작업을 할 수 있다.

**재봉틀 바늘(DB)**

•9호 : 얇은 원단(블라우스, 원피스 등)

•11호 : 일반 두께의 원단(청바지, 면 등)

•14호 : 두꺼운 원단(청바지, 면, 코트 등)

★ 14호 바늘을 가장 많이 사용한다.

**오버로크 바늘(DC)**

14호 바늘을 가장 많이 사용한다.

**대바늘**

0.84mm 굵기의 굵은 바늘로, 천이 움직이지 않도록 시침질할 때 사용하면 편리하다.

**비즈 바늘**

0.56mm 굵기의 가는 바늘로, 실땀이 나타나지 않도록 단을 뜰 때 사용하면 편리하다.

**실크 핀**

옷감에 패턴을 고정할 때 사용하며 앞판, 뒤판을 서로 맞추어 고정할 때 사용한다.

★ 가늘고 뾰족한 것을 선택해야 옷감이 상하지 않으며 박음질할 때 빼지 않아도 된다.

**쇠 콘솔 노루발**

콘솔 지퍼(숨은 지퍼)를 의복에 달 때 사용하면 편리하다.

**자석 받침(자석 조기)**

옷감에 일정한 시접의 양을 주려고 할 때 노루발 옆에 붙여놓고 사용한다.

**초크(초자고)**

초로 만든 백색 초크이다. 손에 묻지 않고 옷에 잘 그려지며, 열을 가하여 다림질하면 자국이 지워진다.

★ 칼이나 초크 깎는 용구를 사용하여 뾰족하게 하여 사용한다.

**분 초크**

두꺼운 옷이나 겨울 의류에 많이 사용한다.

★ 손으로 털거나 세탁하면 자국이 지워진다.

**보빙 케이스**
북실이 감겨 있는 북알을 넣어 실이 풀리지 않도록 할 때 사용한다.

**북알**
밑실을 감아 사용한다.

**북집**
밑실을 감은 북알을 넣어 사용한다.

**핀봉**
핀이나 바늘을 꽂아 손목에 걸고 사용한다.

**옷솔**
옷감에 묻은 먼지나 실 등을 털어낼 때 사용한다.

**다리미**
구겨진 옷감을 펼 때 사용한다.

**① 수성 연필 초크(하늘색 펜)    ② 기화성 연필 초크(보라색 펜)**
① 원단에 사용한 후 물세탁하거나 분무기로 물을 뿌리면 자국이 지워진다.
② 원단에 사용한 후 그대로 두면 공기 중에서 자연스럽게 지워진다(하루~이틀).
★ 사용 후에는 뚜껑을 꼭 닫아야 오래 사용할 수 있다.

**재봉실(재봉사)**
재봉할 때 사용하는 실로, 소재는 면, 견, 마, 합성섬유 등이며 양질의 단사를 두 올 이상 합쳐서 꼬아 만든 실이다.
20s, 30s : 청바지, 스티치, 외부 포인트로 사용한다.
40s, 60s : 일반적으로 가장 많이 사용한다.
★ 수가 작을수록 실의 굵기가 굵고(20s), 수가 클수록 실의 굵기가 가늘다(60s).

**마네킹(인대)**
인체와 같거나 유사한 비율을 가지며 의상을 입혀 가봉, 봉제 등 작업 상태를 볼 수 있다.

**양면 열 접착 심지**
봉제 시 밀리는 부분에 원하는 길이만큼 잘라서 원단과 원단 사이에 넣고 다리미로 스팀을 주어 사용한다.
★ 풀로 종이를 붙이는 것과 비슷하다.

**1cm 식서 접착테이프 심지**
콘솔 지퍼를 달기 전, 원단의 지퍼를 다는 부분에 심지를 붙이면 늘어날 우려가 없어 견고하게 지퍼를 달 수 있다.
★ 원단이 밀리지 않도록 하기 위해 사용한다.

**1cm 사선 접착테이프 심지**
사선 접착테이프 심지는 바이어스 방향으로 재단되어 있으므로, 자유롭게 곡선 라인을 살리기 위해 곡선 부분에 부착하여 사용한다.

**암홀 전용 테이프**
재킷이나 코트 등의 암홀 부분에 붙여 사용한다.
★ 원단이 밀리지 않도록 하기 위해 사용한다.

**쪽가위**
봉제 시 실을 자르거나 실밥을 제거할 때 사용한다.

**재단 가위**
원단을 재단할 때 사용한다.
★ 원단을 자르는 가위로 종이를 자르면 가위의 수명이 짧아지므로, 종이를 자르는 가위와 재단 가위는 분리하여 사용한다.

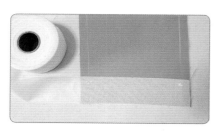

**5cm(2인치) 접착 심지**
소매 밑단, 재킷 밑단, 스커트 밑단 등에 사용한다.
★ 늘어짐을 방지하기 위해 사용한다.

**심지**
잘라 쓰는 접착 심지로, 원단에 뻣뻣하게 힘을 주거나 늘어짐을 방지하기 위해 사용한다.
★ 한 마는 91.44cm(대략 90cm)

**시침용 면사**
옷감에 패턴을 올려놓고 실표뜨기를 할 때 사용한다. 맞춤 표시(너치), 단추를 다는 위치, 주머니 위치 등을 표시한다.

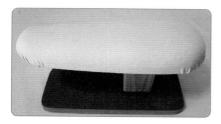

**우마**
목둘레, 옆솔기, 바지통 등 솔기를 다림질할 때 사용한다.

**데스망**
소매산을 다림질할 때 사용한다.

**단면도(면도칼)**
실칼과 같은 용도로 사용하면 편리하다.
★ 손을 다치지 않도록 주의한다.

**송곳**

겉감의 완성선을 안감에 옮길 때, 옷깃의 끝
이나 세밀한 부분을 옮길 때, 바느질한 재봉
실을 뽑을 때 사용한다.

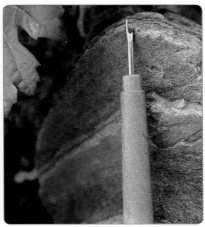

**실칼(실뜯개)**

바느질한 곳에 송곳같이 뾰족한 부분을 끼
운 후 가운데 칼날을 사용하여 박은 솔기 등
을 뜯을 때 사용한다.

**족집게**

시침실이나 실표뜨기한 실을 뽑을 때 사용
한다.

**곡자(커브자)**

허리선, 다트선, 옆선, 칼라(옷깃) 등 자연스
러운 곡선을 그릴 때 사용한다.

**핀셋**

오버로크의 재봉실이 빠지거나 끊어져 다시
끼워야 할 때 사용한다.

**드라이버**

재봉틀의 바늘, 노루발을 교체할 때 사용
한다.

**줄자**

한 면이 60인치(150cm)인 띠 줄자로, 인체를
계측할 때 사용한다.

★ 암홀둘레를 잴 때는 줄자를 세워서 잰다.

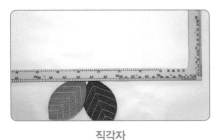

**직각자**

직각으로 만든 자로, 제도하기에 편리한 용
구이다. 앞뒤에 눈금이 표시되어 있어 정확
하고 빠르게 제도할 수 있다.

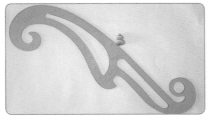

**암홀자**

진동둘레, 목둘레 등 다양한 패턴 라인을 제
도할 수 있다.

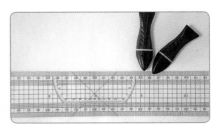

**방안자**

눈금이 0.5cm 간격인 투명한 자로, 일정한
간격의 시접 양을 그릴 때 사용한다.

★ 곡선을 잴 때는 자를 구부려 사용한다.

# 2 재봉틀 구조 및 사용

## ① 재봉틀 구조

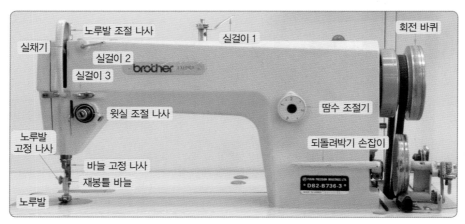

재봉틀 구조

## ② 재봉틀 구성요소 및 역할

구성요소 및 기능

| 구성요소 | 기능 |
|---|---|
| 실걸이 1, 2, 3 | 실의 흔들림을 방지하고 실을 안내한다. |
| 윗실 조절 나사 | 윗실의 장력을 조절한다(오른쪽으로 돌리면 윗실의 장력이 증가하고 왼쪽으로 돌리면 감소한다). |
| 실채기 | 한 땀의 양만큼 윗실을 당겨주는 역할을 한다. |
| 노루발 | 옷감을 눌러 고정하는 역할을 한다. |
| 노루발 조절 나사 | 노루발의 압력을 조절하는 나사이다. |
| 회전 바퀴 | 벨트가 걸리는 부분으로 모터의 동력을 전달하는 역할을 한다. |
| 땀수 조절기 | 땀수를 조절하는 역할을 한다(번호가 클수록 땀의 길이가 길어지고 작을수록 길이가 짧아진다). |
| 되돌려박기 손잡이 | 되돌려박기를 하는 손잡이이다. |
| 노루발 고정 나사 | 노루발을 교체한 후 고정하는 역할을 한다. |
| 바늘 고정 나사 | 바늘을 교체한 후 고정하는 역할을 한다. |

## 3 밑실 감기

**2** 실가이드 구멍에 오른쪽에서 왼쪽으로 실을 끼운다.

장력 조절 나사

**3** 장력 조절 나사 사이로 실을 뒤에서 앞으로 돌린다.
★ 나사 사이에 실을 꽉 끼운다.

**4** 밑실 감는 축에 북알을 꽉 끼운 후 북알에 실을 시계 방향으로 4~5번 돌려 감는다.

**1** 실가이드 구멍에 뒤에서 앞으로 실을 끼운다.

**5** 북 누름대를 손으로 누른다.

**6** 밑실 감기가 완료된 모습

## 4 밑실 끼우기   ★ 북알의 실은 80% 정도 감긴 상태가 가장 알맞다.

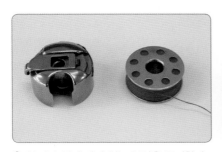

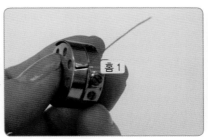

홈 1

홈 2

**1** 북집과 실이 감겨 있는 북알을 준비한다.

**2** 북알의 실을 홈 1에 끼운다.

**3** 홈 1의 실을 홈 2에 끼운다.

바

북집의 바

**4** 엄지손가락으로 북집의 바를 열고 손으로 그대로 잡아준다.

**5** 재봉틀의 바늘판 뚜껑을 열고 북집을 끼워야 할 위치를 확인한다.

**6** 북집의 바가 가로로 되도록 끼운다.

**5** 윗실 끼우기

**1** 실가이드 구멍에 뒤에서 앞으로 실을 끼운다.

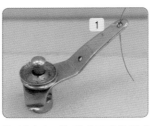

**2** 실걸이 1 첫 번째 구멍에 위에서 아래로 실을 통과시킨다.

**3** 두 번째 구멍에 아래에서 위로 실을 통과시킨다.

**4** 원반 사이에 실을 돌려 끼운다.

**5** 세 번째 구멍에 위에서 아래로 실을 통과시킨다.

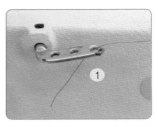

**6** 실걸이 2 첫 번째 구멍에 위에서 아래로 실을 통과시킨다.

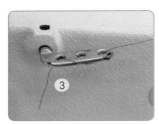

**7** 실걸이 2 세 번째 구멍에 위에서 아래로 실을 통과시킨다.

**8** 원반에 오른쪽에서 왼쪽으로 실을 통과시킨다.

**9** 철사 고리에 실을 걸어준다.

**10** 낫처럼 생긴 'ㄱ' 모양에 실을 걸어준다.

**11** 실걸이 3에 실을 통과시킨다.

**12** 실채기에 오른쪽에서 왼쪽으로 실을 통과시킨다.

**13** 갈고리에 실을 통과시킨다.

**14** 실가이드 고리에 실을 통과시킨다.

**15** 바늘 구멍에 왼쪽에서 오른쪽으로 실을 통과시킨다.

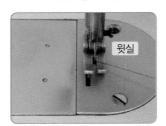

**16** 왼손으로 윗실을 잡고 오른손으로 회전 바퀴를 앞으로 돌려서 바늘이 내려갔다 올라오게 한다.

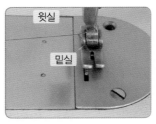

**17** 밑실이 윗실에 걸려서 올라온다.

**18** 윗실, 밑실이 나온 모습

## 6 점검 및 조치할 사항   ★ 재봉틀에 문제가 있거나 박음질이 잘 안 될 때 원인을 찾아 대처한다.

점검 및 조치할 사항

| 고장 상태 | 고장 원인 | 점검 및 조치할 사항 |
|---|---|---|
| 재봉틀 작동 시 윗실이 빠진다. | 윗실 장력이 세다. | 윗실 조절 나사를 돌려 조정한다. |
|  | 실에 비해 바늘이 굵다. | 바늘의 굵기를 점검한다. |
| 바늘이 부러진다. | 바늘을 잘못 끼웠다. | 바늘을 바르게 끼운다. |
|  | 바늘이 바늘판 구멍의 중심을 통과하지 않고 바늘판에 닿는다. | 바늘이 굽었는지 살펴보고 바늘을 다시 끼운다. |
|  | 바늘 고정 나사가 풀렸다. | 바늘 고정 나사를 조여준다. |
|  | 가는 바늘에 굵은 실을 사용했다. | 바늘의 호수와 실의 굵기를 맞추어 사용한다. |
|  | 두꺼운 옷감을 무리하게 박음질했다. | 두꺼운 부분은 천천히 박음질한다. |
|  | 노루발이 풀려 바늘에 닿는다. | 노루발 고정 나사를 조여준다. |
|  | 윗실이 잘못 끼워졌다. | 윗실을 바르게 끼운다. |
|  | 바늘이 굽었거나 바늘 끝이 불량하다. | 바늘을 교체한다. |
| 윗실이 끊어진다. | 바늘을 잘못 끼웠거나 바늘의 좌우가 바뀌어 꽂혀 있다. | 바늘을 바르게 끼운다. |
|  | 바늘이 바늘대 끝까지 올라가 꽂혀 있지 않다. | 바늘을 바늘대 끝까지 올려 꽂는다. |
|  | 바늘이 굽었거나 바늘 끝이 손상되어 있다. | 바늘을 교체한다. |
|  | 윗실을 잘못 끼웠거나 중간 홈에 실이 끼워져 있어 실이 당겨지지 않는다. | 윗실 끼우는 순서가 맞는지 확인하여 바르게 끼운다. |
|  | 윗실의 장력이 너무 세다. | 윗실 조절 나사를 조금 풀어준다. |
|  | 가는 바늘에 굵은 실을 사용했다. | 바늘의 호수와 실의 굵기를 맞추어 사용한다. |
|  | 옷감과 바늘의 굵기가 맞지 않다. | 옷감과 바늘의 호수를 맞추어 사용한다. |
| 밑실이 끊어진다. | 북집에서 북알이 빠져 있다. | 북집에 북알을 바르게 끼운다. |
|  | 밑실이 엉켜 있거나 고르게 감겨 있지 않다. | 밑실을 고르게 감아 사용한다. |
|  | 북집에 먼지나 이물질이 있다. | 북집을 청소한다. |
|  | 북집의 조절 나사가 세게 조여 있다. | 조절 나사를 왼쪽으로 돌려 풀어준다. |
|  | 북집이 잘못 끼워져 있다. | 북집을 바르게 끼운다. |
|  | 북알에 실이 80% 이상 많이 감겨 있다. | 북알에 실은 80% 정도 감긴 상태가 알맞다. |

# 3 박음질

## 1 기초 박음질 ★ A4 규격에 간격은 1cm를 기준으로 한다.

### (1) 직선 박기

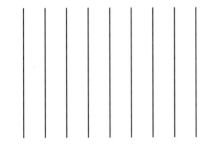

★ 가장 많이 사용하는 박음질이다.

### (2) 사각 박기

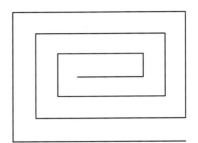

### (3) 곡선 박기

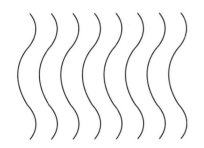

★ 옷감을 손으로 천천히 움직여서 박음질한다.

### (4) 원 박기

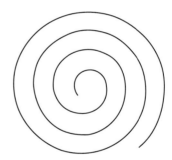

★ 옷감을 손으로 천천히 움직여서 박음질한다.

### (5) 지그재그 박기

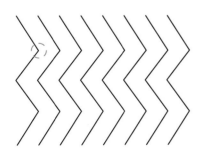

★ 각진 끝에 바늘을 꽂고 노루발을 올려 원단을 돌린 후
노루발을 내리고 박음질한다.

### (6) 삼각 박기

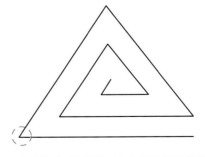

★ 각진 끝에 바늘을 꽂고 노루발을 올려 원단을 돌린 후
노루발을 내리고 박음질한다.

# 4 시접

완성선에서 1~5cm(부위에 따라 다름) 여분을 주는 것을 말한다.

## 1 부위별 기본 시접의 양

부위별 기본 시접의 양

| | | | | | |
|---|---|---|---|---|---|
| 재킷 | 목둘레, 칼라, 암홀, 소매산 | 1cm | 스커트 | 허리선, 옆선 | 1~1.5cm |
| | 어깨, 옆선, 절개선 | 1~1.5cm | | 밑단 | 4cm |
| | 밑단, 소매 밑단 | 4cm | 팬츠 | 허리선, 옆선 | 1~1.5cm |
| | 코트 밑단 | 5cm | | 밑단 | 4cm |

★ 디자인에 따라 시접의 양이 달라질 수 있다.

## 2 시접 그리기

(1) 원단 위에 패턴을 올려놓고 시접 그리기

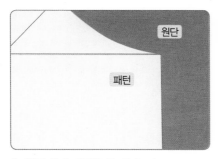

**1** 원단 위에 패턴을 올려놓는다.

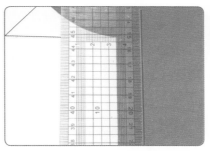

**2** 방안자를 사용하여 시접 양만큼 일직선으로 선을 그린다.

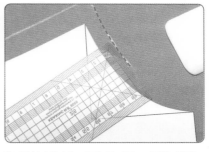

**3** 곡선 부분은 시접 양만큼 조금씩 점선으로 표시한다.

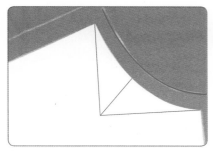

**4** 점선으로 표시한 곡선 부분을 길게 이어서 선을 그린다.

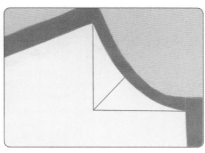

**5** 시접 양만큼 원단을 자른 모습

(2) 패턴에 시접 그리기

1 방안자를 사용하여 패턴에 시접 양만큼
　일직선으로 선을 그린다.

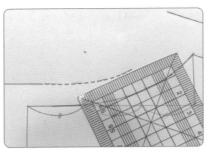

2 곡선 부분은 시접 양만큼 조금씩 점선으
　로 표시한다.

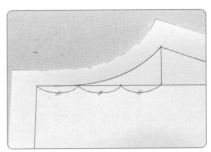

3 시접 양만큼 패턴을 자른 모습

## ③ 다트에 시접 그리기

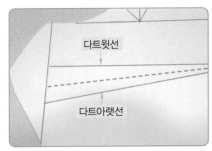

1 옆선 옆의 종이를 여유 있게 잘라 놓는다.

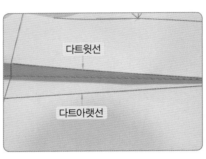

2 다트선을 반으로 접어 윗선이 아랫선 위
　로 올라오도록 접는다.

3 다트선을 접은 모습

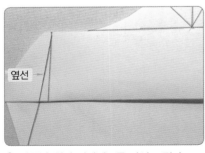

4 어긋난 선이 이어지도록 다시 그린다.

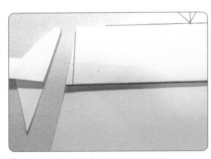

5 옆선의 완성선을 가위로 자른다.

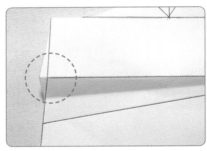

6 옆선이 산처럼 튀어나온 것이 맞는 것이다.

---

**tip**　　**다트에 시접 그리기**

다트의 시접은 산처럼 튀어나와야 다트를 박음질했을 때 완성선이 바르게 된다.

# 5 모서리 시접

## 1 모서리 시접을 자르는 방법

**1** 밑단을 나타낸 모습

**2** 밑단을 완성선에 맞추고 시접을 뒤로 넘긴다.

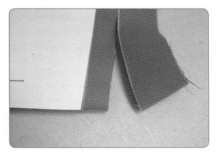

**3** 옆선의 시접을 자른다.

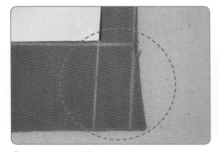

**4** 자른 후 시접을 내린 모습
★ 밑단 끝이 약간 넓게 잘린다.

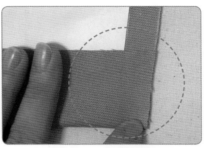

**5** 넓게 잘린 밑단 시접을 접으면 몸판 시접과 맞게 된다.

## 2 시침핀을 꽂는 방법

시침핀을 잘 사용하면 원단이 어긋나는 것을 방지할 수 있으며, 보다 편리하게 작업을 할 수 있다.

두 장의 원단을 맞대어 놓고 재봉선 위로 살짝 떠서 시침핀을 꽂는다.

시침핀을 비스듬하게 꽂은 경우 : 원단이 어긋나거나 시침핀이 빠지기 쉽다.

원단을 크게 떠서 시침핀을 꽂은 경우 : 원단이 어긋나거나 정확하게 고정되지 않는다.

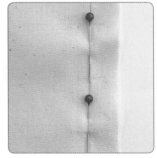

시침핀을 평행하게 꽂은 경우 : 봉제할 때 노루발에 걸리고 봉바늘이 부러진다.

## 3 심지

의복이 늘어날 수 있는 부분이나 디테일 한 부분의 형태를 유지하고 봉제 과정에 도움을 주는 역할을 한다.

### (1) 심지의 부착 부위

겉감의 특성, 옷의 실루엣, 옷의 종류 등에 따라 부착 부위가 다르다. 주로 옷깃, 안단, 주머니, 주머니 입구, 벨트, 지퍼가 달릴 위치, 재킷 밑단, 소매 밑단 등에 붙인다.

### (2) 심지의 종류

심지(면, 실크), 5cm 접착테이프 심지, 암홀 전용 테이프, 1cm 식서 접착테이프 심지, 1cm 사선 접착테이프 심지

**심지(면, 실크) 한 마 91.44cm(대략 90cm)**
★ 전체적으로 심지를 붙일 때 사용한다.

**5cm 접착테이프 심지**
★ 재킷의 밑단, 소매 밑단 등에 사용한다.

**암홀 전용 테이프**
★ 암홀에 사용한다.

**1cm 식서 접착테이프 심지**
★ 지퍼가 달릴 위치, 벨트 등 식서 방향에 사용한다.

**1cm 사선 접착테이프 심지**
★ 곡선 부분에 사용한다.

---

**tip** **심지 접착 방법**

❶ 심지를 겉감에 전체적으로 접착해야 할 부위에는 심지를 여유 있게 잘라 옷감에 다림질로 접착하고 정확하게 다시 자르는 것이 좋다.

❷ 까칠까칠한 쪽(접착할 부분)을 옷감의 안쪽에 닿도록 놓고 다리미로 눌러 고정한다.

❸ 심지를 접착할 때는 다리미를 밀면서 붙이지 않고 눌러 주면서 심지를 붙인다.
 • 스팀을 고르게 주면서 다림질한다.
 • 겉에서 한 번 더 다림질한다.

# 6 실표뜨기

두 장의 옷감에 패턴의 완성선, 단추를 다는 위치, 주머니 위치 등을 표시하기 위해 사용하는 방법이다.

• 얇은 원단은 시침실을 한 겹으로, 두꺼운 원단은 두 겹으로 사용 하는 것이 좋다.
• 직선 부위(중심선, 옆선, 어깨선 등)는 긴 시침을, 곡선 부위(진동, 네크라인, 목둘레 등)는 짧은 시침을 한다.

**1** 패턴을 옷감 위에 올려놓고 시침실 두 올로 실표뜨기한다.

**2** 곡선은 간격을 좁게 실표뜨기한다.

**3** 직선은 간격을 넓게 실표뜨기한다.

**4** 모서리는 십자(+) 모양으로 실표뜨기한다.

**5** 실이 빠지지 않도록 위쪽 옷감을 살짝 들어 올려 옷감 사이의 실을 자른다.
★ 옷감이 잘리지 않도록 주의한다.

**6** 옷감 사이의 실을 자른 모습

**7** 패턴을 떼어 낸 모습

**8** 실을 짧게 잘라낸다.

**9** 실이 쉽게 빠지지 않도록 다리미로 눌러 준다.

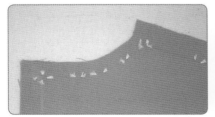

**10** 완성 (앞면)

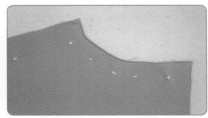

**11** 완성 (뒷면)

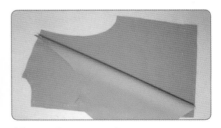

**12** 완성 (두 장의 옷감)

# 7 손바느질

## 1 시침질

### (1) 상침 시침

옷감의 한쪽에서 시접의 완성선을 접어 다른 쪽 옷감의 완성선에 올려놓고 시침하는 방법으로, 가봉할 때 사용한다.

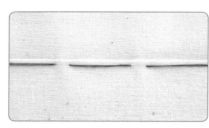
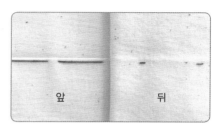

**1** 땀의 길이는 1.5~2cm로, 간격은 0.5cm로 시침한다.

**2** 완성 (앞면)

**3** 완성 (앞면·뒷면)

### (2) 시침질 ★ 시침질을 하고 박음질한 후 시침실은 제거한다.

두 장의 옷감을 고정하거나 밀리지 않도록 고정하기 위한 작업이다.

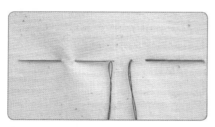
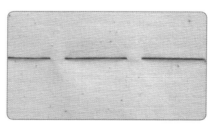
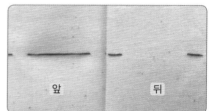

**1** 땀의 길이는 1~2cm로, 간격은 0.5cm로 시침한다.

**2** 완성 (앞면)

**3** 완성 (앞면·뒷면)

## 2 홈질

땀의 간격을 좁고 고르게 바느질하는 방법으로 주름을 잡거나 솔기 처리, 소매산 오그림을 할 때 사용한다.

★ 주름을 잡을 때 촘촘하게 두 줄을 나란히 홈질하여 잡아당기면 주름을 일정하고 고르게 잡을 수 있다.

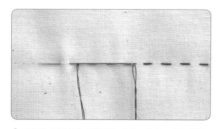
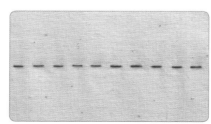
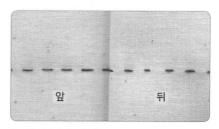

**1** 땀의 길이와 간격은 0.2~0.4cm로 바느질한다.

**2** 완성 (앞면)

**3** 완성 (앞면·뒷면)

## ③ 온박음질

바늘땀을 한 땀만큼 뒤로(오른쪽) 되돌려 뜨는 방법으로, 가장 튼튼한 손바느질이다.

★ 온박음질을 한 옷감의 앞면은 재봉틀 박음질과 같은 모양이다.

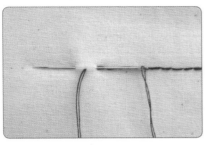

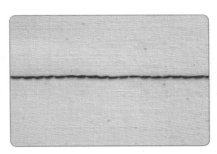

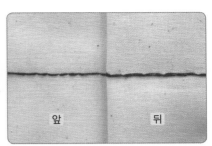

**1** 바늘을 뺀 지점에서 뒤로(오른쪽) 0.2cm 돌아간 위치에 바늘을 꽂고 0.2cm 앞지점에서 바늘을 뺀다.

**2** 완성 (앞면)

**3** 완성 (앞면·뒷면)

## ④ 반박음질

온박음질이 바늘땀을 한 땀 뒤로(오른쪽) 되돌려 뜨는 것이라면 반박음질은 그 반만큼만 되돌려 뜨는 방법이다.

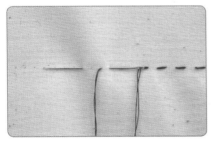

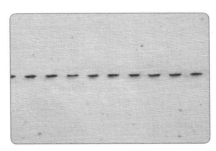

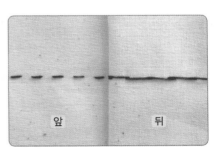

**1** 바늘을 뺀 지점에서 뒤로(오른쪽) 0.2cm 돌아간 위치에 바늘을 꽂고 0.4cm 앞지점으로 뒤에서 앞으로 바늘을 뺀다.

**2** 완성 (앞면)

**3** 완성 (앞면·뒷면)

## ⑤ 감침질

가장 일반적인 단 처리 방법으로 사용한다.

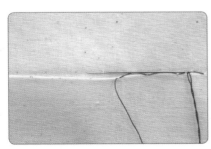

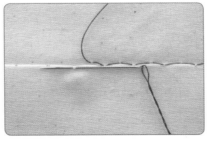

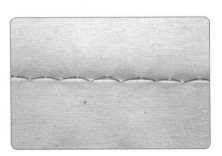

**1** 바늘이 나온 위치에서 몸판을 한 땀 뜨고 바늘을 뺀다.

**2** 0.5cm 떨어진 위치에서 단 부분에 한 땀을 뜨고 바늘을 뺀다.

**3** 완성 (앞면)

## 6 공그르기

소맷부리, 치마, 바지 등의 밑단이나 안단 등을 마무리할 때 사용하는 바느질 방법으로, 바늘땀이 보이지 않도록 하며 실을 너무 잡아당겨서 옷감이 울지 않도록 주의한다.

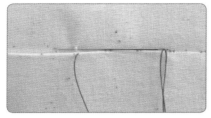 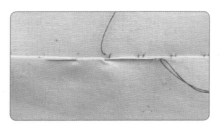 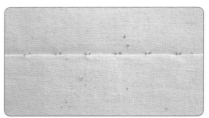

**1** 실을 한 겹으로 사용하여 몸판을 한 땀 뜨고 바늘을 뺀다.

**2** 1~1.5cm 떨어진 위치에서 단 부분을 뜨고 바늘을 뺀다.

**3** 완성 (앞면)

## 7 새발뜨기

바지나 치마의 단 처리를 할 때, 안단을 겉감에 고정할 때 사용하는 방법이다.

 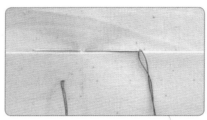 

**1** 안에서 밖으로 바늘을 뺀다.

**2** 0.5~1cm 간격으로 사선으로 올라가서 한 땀을 뜬다.

**3** 사선으로 0.5~1cm 내려와 한 땀을 뜬다.

**4** 반복

**5** 반복

**6** 반복

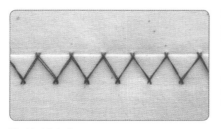

**7** 완성 (앞면)

> **tip** 새발뜨기
>
> 일반적으로 손바느질은 오른쪽에서 왼쪽으로 땀을 뜨지만, 새발뜨기는 반대로 왼쪽에서 오른쪽으로 땀을 뜬다.

## 8  어슷시침

긴 시침이나 보통 시침보다 견고하게 시침하고자 할 때 사용하는 바느질 방법으로, 재킷의 앞단, 라펠 외곽선, 형태를 고정할 때 주로 어슷시침을 사용한다.

  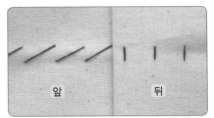

**1** 한 땀의 길이는 1cm로, 위아래 간격은 0.5cm로 바늘을 뺀다.

**2** 완성 (앞면)

**3** 완성 (앞면·뒷면)

## 9  실루프/실고리

재킷, 팬츠, 스커트 밑단의 겉감과 안감을 고정할 때, 재킷의 벨트 고리, 허리 벨트 고리 등에 사용한다.

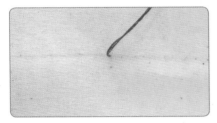  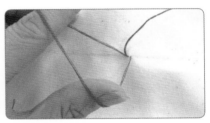

**1** 실은 두세 겹으로 준비하고, 실고리 위치를 표시한 후 안에서 밖으로 뺀다.

**2** 시작점에서 바늘땀을 뜬다.

**3** 실로 동그란 고리를 만든다.

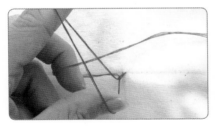 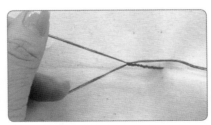 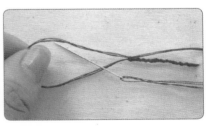

**4** 엄지손가락과 집게손가락으로 동그란 고리를 잡아주고, 가운뎃손가락으로 동그란 고리 안으로 실을 잡아당긴다.

**5** 가운뎃손가락으로 실을 당기고, 엄지손가락과 집게손가락은 실을 놓는다.

**6** 원하는 길이만큼 실고리를 만든 후 동그란 고리 안으로 바늘을 집어넣고 뺀다.

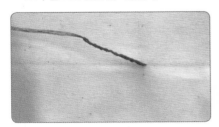  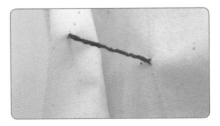

**7** 바늘을 꽉 잡아당겨 실고리가 풀리지 않도록 한다.

**8** 연결하고자 하는 위치에 바늘을 집어넣고 매듭을 짓는다.

**9** 완성

# 8 실매듭

## 1 실매듭을 만드는 방법 ★ 실매듭은 바늘의 실이 빠지지 않도록 실 끝에 매듭을 처리할 때 사용한다.

### (1) 바늘에 실을 감아 매듭을 만드는 방법

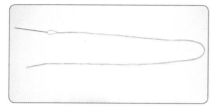

**1** 바늘에 실을 끼운다.

**2** 실 끝에 바늘을 올려놓는다.

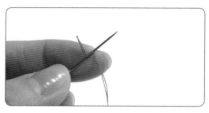

**3** 바늘에 실을 3~4번 돌려 감는다.

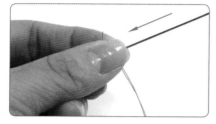

**4** 엄지손가락과 집게손가락으로 감은 실을 꽉 잡아 밑으로 내린다.

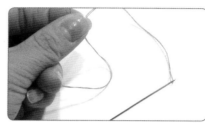

**5** 잡은 채로 실 끝까지 잡아 내린다.

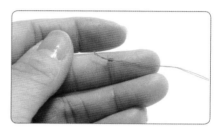

**6** 매듭 완성

### (2) 손가락에 실을 감아 매듭을 만드는 방법

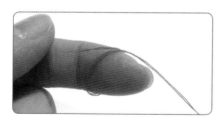

**1** 집게손가락에 실을 한 번 돌려 감는다.

**2** 엄지손가락으로 실을 꼬아 집게손가락으로 실을 원 안으로 빼낸다.

**3** 매듭 완성

## 2 실 끝 묶어주기 ★ 다트 끝이나 장식 스티치의 끝부분을 처리할 때 사용한다.

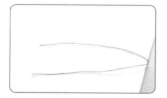

**1** 실을 길게 남기고 자른다.

**2** 실로 동그란 고리를 만들고 한쪽 실을 원 안으로 집어넣는다.

**3** 양손으로 양쪽 실을 잡아당긴다.
★ **1**에서 **3**까지 같은 방법으로 2~3번 반복한다.

**4** 실을 자른다.
★ 너무 짧게 자르지 않는다.

# 단추와 단춧구멍

## 1 단추

### (1) 구멍이 있는 단추 달기

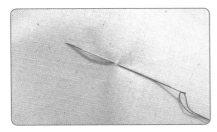

**1** 실 끝에 매듭을 만들고 바늘로 원단을 살짝 뜬다.

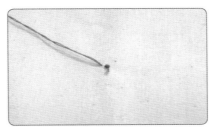

**2** 바늘을 겉으로 빼낸 모습

**3** 바늘을 단춧구멍 아래에서 위로 빼낸다.

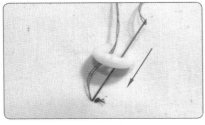

**4** 옆 단춧구멍의 위에서 아래로 원단 아래까지 바늘을 빼낸다.

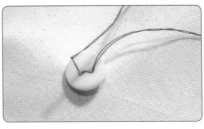

**5** 1에서 4까지 같은 방법으로 3~5번 반복한다.

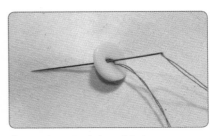

**6** 바늘을 단추 아래로 빼낸다.

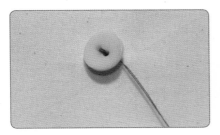

**7** 단추와 원단 사이에 실을 2~3번 돌려 감아 실기둥을 만든다.

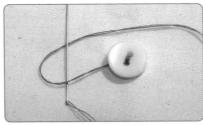

**8** 실로 동그란 고리를 만들어 바늘을 그 사이로 통과시킨다.

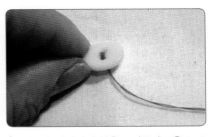

**9** 바늘을 잡아당겨 실을 조여준다. 8을 2~3번 반복한다.

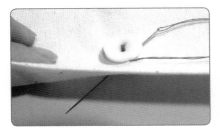

**10** 바늘을 원단 아래로 빼낸다.

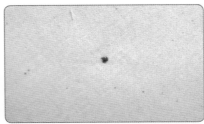

**11** 원단 아래로 바늘을 빼낸 다음 매듭을 짓고 실을 자른다.

**12** 완성

## (2) 스냅 단추 달기

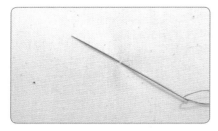

**1** 실 끝에 매듭을 만들고 바늘로 원단을 살짝 뜬다.

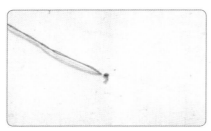

**2** 바늘을 겉으로 빼낸 모습

**3** 단춧구멍에 바늘을 통과시킨다.

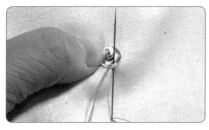

**4** 단추 바깥쪽에서 바늘로 원단을 살짝 떠서 단춧구멍 안쪽으로 바늘을 통과시킨다.

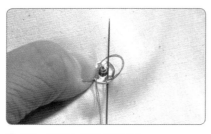

**5** 바늘 아래로 실을 걸어준다.

**6** 실을 건 부분을 손으로 살짝 잡아 그대로 바늘을 뺀다.

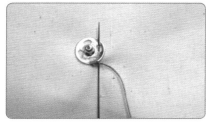

**7** 6을 2~3번 반복한 후 단추 아래에서 옆 단춧구멍으로 이동한다.

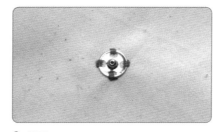

**8** 완성

---

**tip**   단추와 단춧구멍

단추와 단춧구멍은 모양이나 단추를 다는 위치에 따라 기능적인 면이나 장식적인 면에서 다양하게 디자인 연출을 할 수 있다.

## 2  단춧구멍

### (1) 단춧구멍의 크기

단춧구멍의 크기는 단추 지름과 단추 두께에 따라 달라진다.

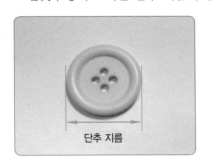

단추 지름

단추 두께

단춧구멍

### (2) 가로 단춧구멍의 위치

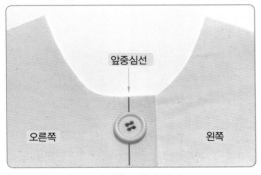

가로 단춧구멍의 위치

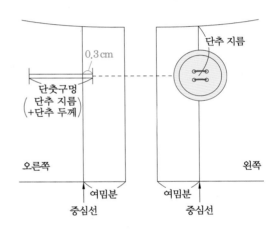

### (3) 세로 단춧구멍의 위치

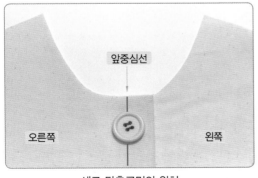

세로 단춧구멍의 위치

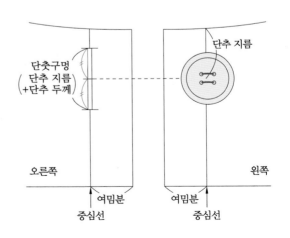

## **3** 단춧구멍 만들기

### (1) 버튼홀 스티치

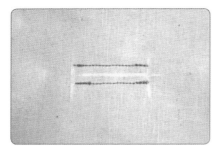

**1** 단춧구멍의 위치를 표시하고 0.2~0.3cm 간격의 좁은 땀수로 두 줄 박음질을 한다.
★ 지지 역할을 한다.

**2** 단춧구멍 머리(○)를 만들기 위한 공구이다.

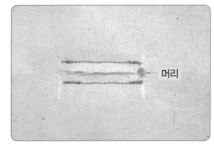

**3** 단춧구멍 사이를 자른다.
★ 공구가 없을 경우에는 가위를 사용하여 단춧구멍 머리(○) 모양으로 자른다.

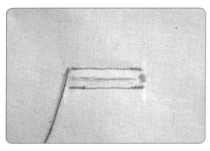

**4** 매듭지은 실을 안에서 밖으로 뺀다.

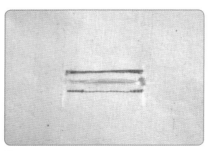

**5** 외곽선을 따라 실을 연결한다.

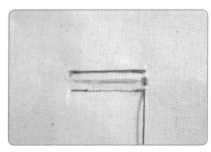

**6** 아래로 내려와 연결한다.

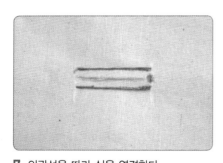

**7** 외곽선을 따라 실을 연결한다.
★ 실을 연결한 후 만들면 완성 후 더 예쁘다.

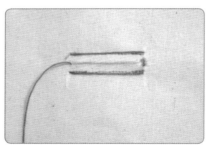

**8** 갈라진 사이로 바늘을 뺀다.

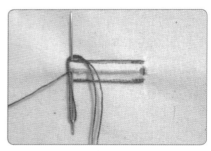

**9** 바늘 아래로 실을 걸어준다.

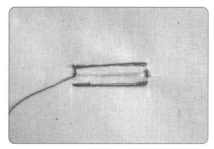

**10** 실을 건 부분을 손으로 살짝 잡아 그대로 바늘을 뺀다.

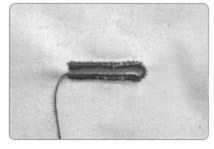

**11** 9에서 10을 반복한다.

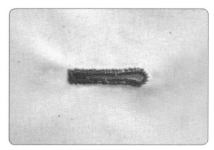

**12** 시작점에서 세로로 두세 번 되돌아와 실을 매듭짓는다.

## (2) 입술 단춧구멍

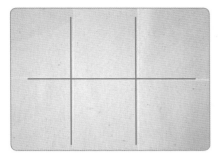

**1** 입술 단춧구멍을 만들 위치를 표시한다.

**2** 입술감을 올려놓는다.

**3** 입술감에 단춧구멍 위치를 표시한다.

**4** 땀수는 좁게 한 후 시작점과 끝점은 되돌려박기를 한다.

**5** 입술감의 중앙을 처음부터 끝까지 가로로 자른다.

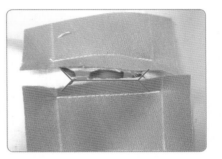

**6** 입술감 사이 중앙선을  모양으로 자른다.
★ 삼각 모양을 잘 잘라야 한다.

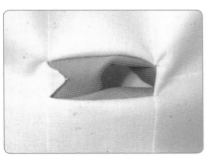

**7** 윗입술감과 아랫입술감을 주머니 입구 안쪽으로 집어넣는다.

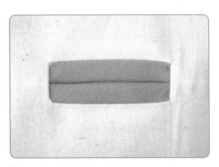

**8** 몸판 겉에서 본 모습

**9** 윗입술감과 아랫입술감을 잘 맞추어 다림질한다.

**10** 겉감을 젖혀 놓고 주머니 끝 양쪽 삼각 부분을 입술감과 함께 고정 박음질한다.

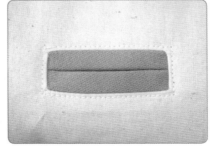

**11** 완성

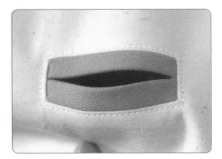

**12** 완성

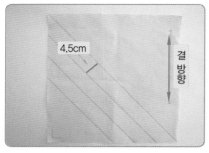

**1** 정사각형 옷감을 준비하여 45° 정바이어
스 방향으로 자른다.

★ 1cm의 바이어스는 4.5cm 너비(폭)로 재
단한다.

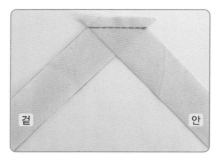

**2** 바이어스테이프의 겉과 겉을 90°로 마주
대고 꼭짓점 중심으로 박음질한다.

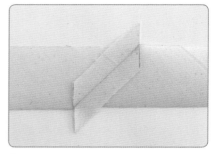

**3** 시접을 가름솔로 다림질한다.

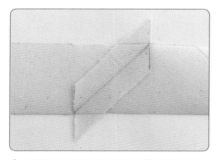

**4** 바이어스테이프의 양쪽 끝을 잘라낸다.

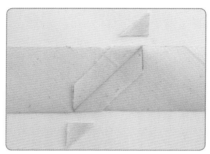

**5** 양쪽 끝을 자른 모습

**6** 완성

---

**tip** 바이어스테이프

• 너비가 2cm쯤 되도록 올의 방향에 대해 비스듬히 자른 천으로 만든 테이프이다.
• 올이 잘 풀리지 않도록 하기 위한 것으로 얇은 옷감이나 재킷 밑단, 소매 밑단, 스커트 밑단 등의 단 처리로 많이 사용된다.

# 11 솔기 처리

## 1 가름솔

솔기 처리 중 가장 일반적으로 사용하는 방법으로 옆솔기, 어깨 솔기 등에 사용한다.

### (1) 오버로크 가름솔

가름솔 중 가장 간단한 방법으로, 시접의 올이 풀리지 않도록 오버로크함으로써 솔기선이 깔끔하고 실루엣이 예쁘게 나와 많이 사용한다.

**1** 두 장의 옷감을 겉과 겉끼리 맞대어 시접 1.5cm 폭으로 박음질한다.

**2** 시접 1.5cm 폭으로 박음질한 모습

**3** 박음질 후 갈라서 다림질한다.

**4** 시접 끝부분에 오버로크를 한다. 완성

### (2) 접어박기 가름솔

솔기 시접의 끝을 안쪽으로 꺾어 박음으로써 시접 끝이 깔끔하여 간절기 의복이나 안감이 없는 겉옷(아웃웨어), 점퍼류 등에 주로 사용한다.

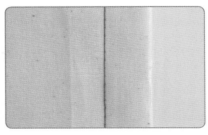

**1** 두 장의 옷감을 겉과 겉끼리 맞대어 시접 1.5cm 폭으로 박음질한다.

**2** 시접 1.5cm 폭으로 박음질한 모습

**3** 박음질 후 갈라서 다림질한다.

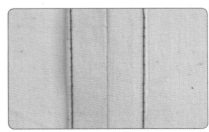

**4** 시접 끝을 안쪽으로 꺾어서 박음질한다.

**5** 완성

(3) 바이어스 가름솔

안감이 없는 고가의 의복, 재킷, 블라우스, 겉옷(아웃웨어)에 사용한다.

**1** 두 장의 옷감을 겉과 겉끼리 맞대어 시접 1.5cm 폭으로 박음질한다.

**2** 시접 1.5cm 폭으로 박음질한 후 갈라서 다림질한다.

**3** 시접 끝 부분에 바이어스테이프 안쪽을 대고 0.5cm 폭으로 박음질한다.

**4** 바이어스테이프로 시접을 감싸고 테이프 끝에서 0.1~0.2cm 떨어진 위치를 박음질한다.

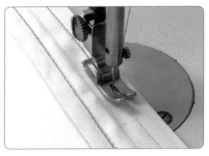

**5** 반대쪽 시접도 3, 4와 동일한 방법으로 박음질한다.

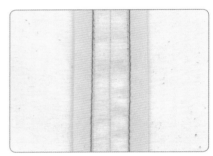

**6** 완성

### 2 외솔

가장 보편적으로 많이 사용하는 방법으로 옷감이 두껍지 않은 화섬류, 니트류, 저지류에 많이 사용한다.

**1** 두 장의 옷감을 겉과 겉끼리 맞대어 시접 1.5cm 폭으로 박음질한다.

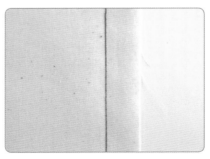

**2** 시접 1.5cm 폭으로 박음질한 모습

**3** 두 시접을 합쳐 오버로크를 한다.

**3** **쌈솔** ★ 가장 튼튼한 솔기 처리 방법으로, 겉과 안이 모두 깨끗하여 장식으로도 사용한다.

캐주얼 의류, 작업복, 아동복, 운동복, 스포츠 의류, 청바지 다리 안선 등에 많이 사용한다.

**1** 두 장의 옷감을 겉과 겉끼리 맞대어 시접 1.5cm 폭으로 박음질한다.

**2** 시접 1.5cm 폭으로 박음질한 모습

**3** 박음질한 후 한쪽 시접은 그대로 두고 다른 쪽 시접만 0.3cm 남기고 자른다.

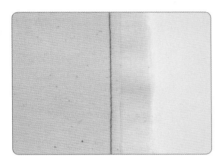

**4** 한쪽 시접만 0.3cm 폭으로 자른 모습

**5** 0.3cm 폭으로 자른 시접을 넓은 시접으로 감싼다.

**6** 감싸서 다림질한다.

**7** 감싼 시접 끝에서 0.1cm 폭으로 아래 원단과 함께 박음질한다.

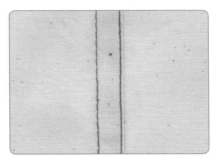

**8** 완성 (안)

**9** 완성 (겉)

**tip** **쌈솔**

한쪽 시접을 다른 한쪽보다 더 넓게 두고 박은 후 뒤집은 다음 넓은 시접으로 좁은 시접을 감싸서 납작하게 눌러 박은 솔기를 말한다.

**4** **통솔**  ★ 비치는 원단으로 시폰류의 블라우스, 원피스 등 얇은 옷감의 솔기를 처리할 때 많이 사용한다.

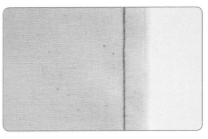

**1** 두 장의 옷감을 안과 안끼리 맞대어 시접 0.4cm 폭으로 박음질한다.

**2** 시접 0.4cm 폭으로 박음질한 모습

**3** 시접이 안으로 들어가도록 한다.

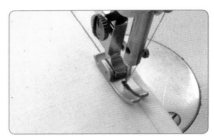

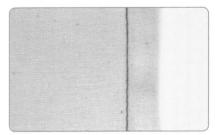

**4** 다림질한다.

**5** 0.7cm 폭으로 박음질한다.

**6** 완성

**5** **뉨솔**  ★ 튼튼하게 봉제하거나 장식 효과를 줄 때 사용한다.

시접에서 감싸서 박지 않고 펼쳐서 겉으로 장식하는 방법으로, 쌈솔과 방법이 비슷하다.

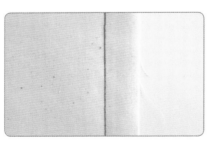

**1** 두 장의 옷감을 겉과 겉끼리 맞대어 시접 1.5cm 폭으로 박음질한다.

**2** 시접 1.5cm 폭으로 박음질한 모습

**3** 박음질한 후 한쪽 시접을 0.3~0.5cm 남기고 자른다.

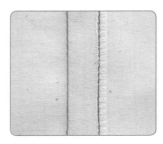

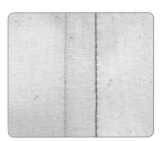

**4** 긴 시접에 오버로크를 한다.

**5** 오버로크를 한 긴 시접으로, 0.3~0.5cm 폭으로 자른 시접을 덮어 박음질한다.

**6** 완성 (안)

**7** 완성 (겉)

## 6 파이핑 솔기

재킷, 점퍼, 운동복, 바지, 스커트, 홈패션 등 완성선 솔기에 장식 효과를 줄 때 사용한다.

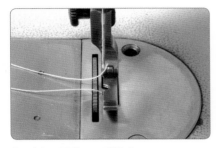

1 외발 노루발로 교체한다.

2 원단과 파이핑을 준비한다.

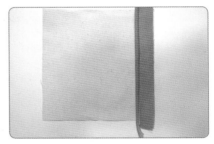

3 한 장의 원단 겉면의 완성선 위에 파이핑
  을 올려놓는다.

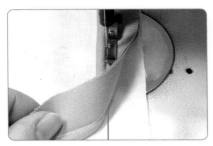

4 완성선 위를 박음질한다.

5 남은 한 장의 원단을 겉과 겉이 마주 보도
  록 올려놓는다.

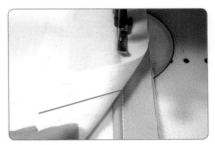

6 박음질한다.

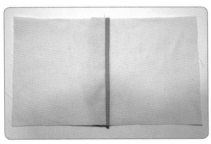

7 완성 (겉)

tip  파이핑 솔기

박음질할 때 일반 노루발을 사용하면 파이핑이 밀릴 수 있으므로 외발 노루발을 사용하는 것이 좋다.

# 12 단 처리

## 1 한 번 접어박기　★ 원단의 끝부분을 오버로크 한 후 한 번 접어 박음질하는 것으로, 가장 간단한 방법이다.

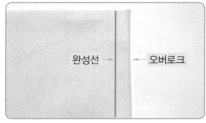

완성선 → 오버로크

**1** 완성선을 그린 후 원단 끝에 오버로크를 한다.　★ 시접 : 2cm

**2** 완성선을 접어 다림질한다.

**3** 1.5cm 폭으로 박음질한다.

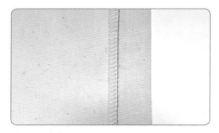

**4** 완성 (안)

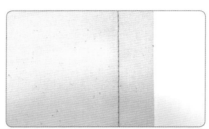

**5** 완성 (겉)

## 2 두 번 접어박기　★ 바지 밑단, 스커트 밑단, 소매 밑단의 단 처리를 할 때 사용하며, 가장 보편적인 방법이다.

완성선

**1** 완성선을 그린다.　★ 시접 : 4cm

**2** 시접 2cm 폭으로 접는다.

완성선

**3** 한번 더 접는다.

안

**4** 1.5~1.7cm 폭으로 박음질한다.

**5** 완성 (안)

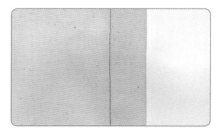

**6** 완성 (겉)

### 3 끝 말아박기

얇은 옷감, 한복 밑단, 플레어 스커트 밑단, 소매 밑단의 단 처리를 할 때 사용한다.

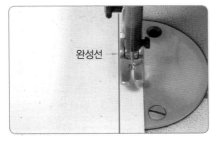

**1** 0.3~0.5cm 폭으로 박음질한다.
★ 시접 : 1cm

**2** 박음질한 선을 접는다.

**3** 완성선을 접는다.

**4** 0.2~0.3cm 폭으로 박음질한다.

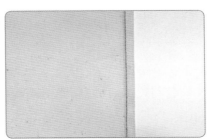

**5** 완성 (안)

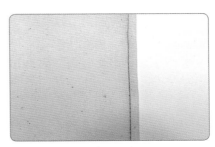

**6** 완성 (겉)

---

 **tip**  원단이 울지 않도록 박음질하는 방법

방법 ❶  완성선을 다림질한 후 딱풀을 시접에 바르고 박음질한다.

방법 ❷  완성선을 다림질한 후 양면 열 접착 심지를 시접에 넣고 다림질한 다음 박음질한다.

# 13 패턴 표시 기호

★ 패턴(제도)을 보다 알기 쉽게 표시하는 기호이다.

## 1 패턴 표시 기호

| 항목 | 기호 | 설명 | 항목 | 기호 | 설명 |
|---|---|---|---|---|---|
| 안내선 | ——————— | 패턴을 그리는 선 (가는 실선) | 늘림 표시 | ⌃ | 옷감을 늘리는 기호 |
| 완성선 | ━━━━━━ | 패턴으로 완성된 윤곽을 나타내는 선 (굵은 실선) | 줄임 표시 | ⌒ | 옷감을 줄이는 기호 |
| 안단선 | — — — — — | 안단을 다는 위치와 크기를 나타내는 선 | 같음 표시 | ☆ ★ ○ ● △ ▲ | 같은 길이를 나타내는 기호 |
| 접는선 꺾임선 | - - - - - - | 접는선 및 꺾임선을 나타내는 선 | 단춧구멍 | ├———┤ | 단춧구멍을 뚫는 위치를 나타내는 기호 |
| 등분선 | ⌒⌒ | 선이 같은 길이인 것을 나타내는 선 | 단추 표시 | ⊕ | 단추 위치를 나타내는 기호 |
| 바이어스 방향선 | ✕ | 옷감의 바이어스 방향을 나타내는 선 | 다트 표시 | ◇ | 패턴상에서 접는 표시를 나타내는 기호 |
| 올 방향선 | ↕↕↕ | 화살표 방향으로 옷감의 세로(식서) 올이 지나는 것을 나타내는 선 | 교차 표시 | ✕ | 좌우 선이 교차하는 것을 나타내는 기호 |
| 골선 | — — — | 패턴의 중심이 되는 선 | 절개 표시 | ✂ | 패턴상에서 절개하는 기호 |
| 직각 표시 | ∟ | 직각을 나타내는 기호 | 맞춤 표시 | ⌒ | 옷감을 재단할 때 패턴을 연결하는 기호 |

## 2 겉감 재단 방법

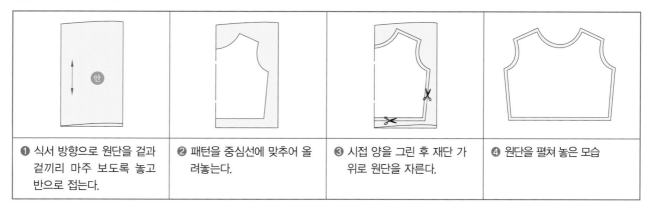

❶ 식서 방향으로 원단을 겉과 겉끼리 마주 보도록 놓고 반으로 접는다.

❷ 패턴을 중심선에 맞추어 올려놓는다.

❸ 시접 양을 그린 후 재단 가위로 원단을 자른다.

❹ 원단을 펼쳐 놓은 모습

# 14 인체 계측

## 1 인체 계측 항목

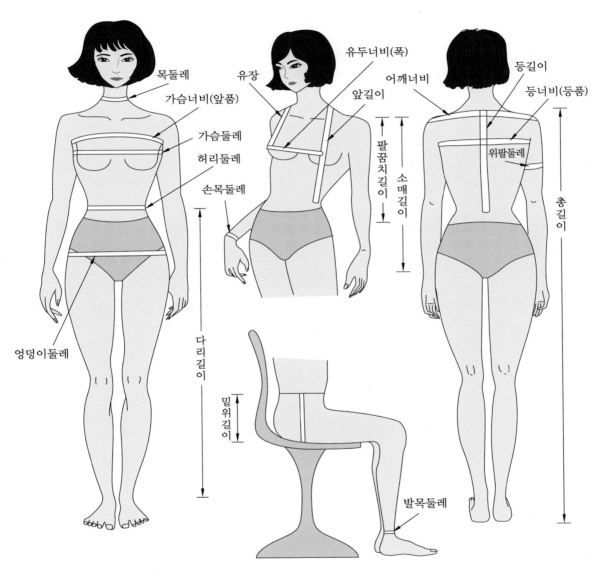

tip    인체 계측

인체 계측을 할 경우에는 측정 항목, 측정 도구, 피측정자의 상태, 측정 방법 등이 일정한 약속 내에서 이루어져야 한다.

## 2 인체 계측 방법

인체 계측 항목 및 계측 방법

| 계측 항목 | 영어 | 계측 방법 |
|---|---|---|
| 목둘레 | Neck Circumference | 뒷목점, 옆목점, 앞목점을 지나면서 한 바퀴 돌려 치수를 잰다. |
| 가슴너비(앞품) | Chest Breadth | 좌우 겨드랑이 앞부분 사이를 잰다. |
| 가슴둘레 | Chest Circumference | 가슴의 유두점을 지나는 수평 둘레를 잰다. |
| 허리둘레 | Waist Circumference | 허리의 가장 가는 부분을 지나는 둘레를 잰다. |
| 엉덩이둘레 | Hip Circumference | 엉덩이의 가장 돌출된 곳의 수평 둘레를 잰다. |
| 다리길이 | Leg Length | 옆허리선에서부터 발목점까지의 길이를 잰다. |
| 유장 | Bust Point Length | 옆목점에서 유두점까지의 사선 거리를 잰다. |
| 유두너비(폭) | Bust Point Breadth | 좌우 유두점 사이를 잰다. |
| 앞길이 | Front Shoulder to Waist | 옆목점에서 유두점을 지나 허리선까지의 길이를 잰다. |
| 팔꿈치길이 | Elbow Length | 팔을 약간 구부리고 어깨끝점에서 팔꿈치까지의 길이를 잰다. |
| 소매길이 | Sleeve Length | 팔을 자연스럽게 내린 후 어깨끝점에서 팔꿈치를 지나 손목점까지의 길이를 잰다. |
| 손목둘레 | Wrist Girth | 손목점을 지나는 둘레를 잰다. |
| 밑위길이 | Crotch Length | 의자에 앉아 옆허리선부터 의자 바닥까지의 길이를 잰다. |
| 발목둘레 | Ankle Circumference | 발목점을 지나는 수평 둘레를 잰다. |
| 어깨너비 | Shoulder Width | 좌우 어깨끝점에서부터 뒷목점을 지나도록 잰다. |
| 등너비(등품) | Back Width | 좌우 겨드랑이 뒷부분 사이를 잰다. |
| 등길이 | Center Back Waist Length | 뒷목점에서부터 뒤허리점까지의 길이를 잰다. |
| 위팔둘레 | Top Arm Circumference | 팔을 굽힌 상태에서 팔의 가장 굵은 부분을 수평으로 잰다. |
| 총길이 | Center Back Full Length | 뒷목점에서부터 바닥까지의 길이를 잰다. |

## 3 나의 치수 측정

치수 측정                                 계측일자 : 20    년    월    일

| 계측 항목 | 가슴둘레 | 허리둘레 | 엉덩이둘레 | 등너비(등품) | 앞너비(앞품) | 어깨너비 | 등길이 | 앞길이 |
|---|---|---|---|---|---|---|---|---|
| M | 86 | 68 | 92 | 35 | 33 | 38 | 38 | 40.5 |
| 나의 치수 | | | | | | | | |
| 머리둘레 | 유장 | 유두너비(폭) | 소매길이 | 팔꿈치길이 | 엉덩이길이 | 밑위길이 | 무릎길이 | 다리길이 |
| 58 | 24 | 18 | 54 | 30 | 18 | 25 | 53 | 92 |
| | | | | | | | | |

# 15 아동복 참고 치수

아동복 참고 치수                               단위 : cm

| 나이 | 2세 | 3세 | 4세 | 5세 | 6세 | 7세 | 8세 | 9세 | 10세 | 11세 |
|---|---|---|---|---|---|---|---|---|---|---|
| 키 | 90 | 96 | 103 | 109 | 115 | 121 | 128 | 132 | 139 | 144 |
| 가슴둘레 | 52 | 53 | 54 | 56 | 58 | 60 | 63 | 65 | 67 | 70 |
| 허리둘레 | 49 | 50 | 51 | 52 | 53 | 55 | 56 | 57 | 60 | 62 |
| 엉덩이둘레 | 52 | 55 | 57 | 59 | 61 | 64 | 70 | 71 | 74 | 75 |
| 어깨너비 | 24 | 25 | 26 | 27 | 28 | 30 | 31 | 32 | 33 | 34 |
| 등길이 | 21 | 23 | 24 | 26 | 27 | 29 | 30 | 31 | 32 | 34 |
| 소매길이 | 27 | 30 | 32 | 35 | 37 | 39 | 41 | 43 | 45 | 46 |
| 바지길이 | 50 | 55 | 58 | 63 | 66 | 70 | 74 | 78 | 81 | 85 |
| 밑위길이 | 20 | 20 | 20 | 21 | 21 | 21 | 22 | 22 | 23 | 24 |
| 스커트길이 | 28 | 30 | 32 | 33 | 34 | 35 | 36 | 38 | 40 | 42 |
| 원피스길이 | 29 | 33 | 36 | 38 | 39 | 41 | 44 | 46 | 48 | 49 |
| 머리둘레 | 50 | 52 | 53 | 53 | 54 | 55 | 55 | 55 | 55 | 56 |

# 16 원단

★ 패턴을 그린 후 원단 소요량을 계산하여 원단의 낭비를 최소화한다.

## 1 원단 소요량(필요량)

단위 : cm

| 옷 종류 | | 너비(폭) | 필요 치수 | 원단 소요량 계산 |
|---|---|---|---|---|
| 블라우스 | 짧은 소매 | 90 | 140~160 | (블라우스길이 × 2) + 시접 (10~15) |
| | | 110 | 110~140 | (블라우스길이 × 2) + 시접 (7~10) |
| | | 150 | 100~120 | 블라우스길이 + 소매길이 + 시접 (7~10) |
| | 긴소매 | 90 | 170~200 | (블라우스길이 × 2) + 시접 (10~20) |
| | | 110 | 125~180 | (블라우스길이 × 2) + 시접 (10~15) |
| | | 150 | 120~130 | 블라우스길이 + 소매길이 + 시접 (10~15) |
| 스커트 | 타이트 | 90 | 130~150 | (스커트길이 × 2) + 시접 (12~16) |
| | | 110 | 130~150 | (스커트길이 × 2) + 시접 (12~16) |
| | | 150 | 60~70 | 스커트길이 + 시접 (6~8) |
| | 플레어 180° | 90 | 140~160 | (스커트길이 × 2.5) + 시접 (10~15) |
| | | 110 | 130~150 | (스커트길이 × 2.5) + 시접 (5~12) |
| | | 150 | 90~100 | (스커트길이 × 1.5) + 시접 (6~15) |
| 원피스 | 짧은 소매 | 90 | 210~230 | (옷길이 × 2) + 시접 (12~16) |
| | | 110 | 180~230 | (옷길이 × 1.2) + 소매길이 + 시접 (10~15) |
| | | 150 | 110~170 | 옷길이 + 소매길이 + 시접 (10~15) |
| | 긴소매 | 90 | 210~230 | (옷길이 × 2) + 소매길이 + 시접 (12~16) |
| | | 110 | 180~230 | (옷길이 × 1.2) + 소매길이 + 시접 (10~15) |
| | | 150 | 110~170 | 옷길이 + 소매길이 + 시접 (10~15) |
| 팬츠 | – | 90 | 200~220 | [바지길이 + 시접 (8~10)] × 2 |
| | | 110 | 150~220 | [바지길이 + 시접 (8~10)] × 2 |
| | | 150 | 100~110 | 바지길이 + 시접 (8~10) |
| 재킷 | 짧은 소매 | 90 | 270~300 | (재킷길이 × 2) + (스커트길이 × 2) + 시접 (20~30) |
| | | 110 | 220~270 | (재킷길이 × 2) + 스커트길이 + 소매길이 + 시접 (20~30) |
| | | 150 | 170~190 | 재킷길이 + 스커트길이 + 소매길이 + 시접 (20~30) |
| | 긴소매 | 90 | 320~350 | (재킷길이 × 2) + (스커트길이 × 2) + 소매길이 + 시접 (25~30) |
| | | 110 | 220~270 | (재킷길이 × 2) + 스커트길이 + 소매길이 + 시접 (20~30) |
| | | 150 | 200~210 | 재킷길이 + 스커트길이 + 소매길이 + 시접 (20~30) |
| 코트 | 박스형 | 90 | 300~350 | (코트길이 × 2) + 소매길이 + 시접 (20~30) |
| | | 110 | 240~280 | (코트길이 × 2) + 칼라길이 + 시접 (20~30) |
| | | 150 | 200~250 | 코트길이 + 소매길이 + 시접 (15~30) |
| | 플레어형 | 90 | 390~450 | (코트길이 × 3) + 소매길이 + 시접 (20~40) |
| | | 110 | 300~350 | (코트길이 × 2) + 소매길이 + 시접 (20~40) |
| | | 150 | 220~250 | (코트길이 × 2) + 시접 (20~30) |

## 2 원단의 방향

(1) 식서 방향, 푸서 방향, 바이어스 방향

　① 식서 방향 : 원단이 늘어나지 않는 방향(원단의 올이 풀리지 않는 방향)
　② 푸서 방향 : 원단이 조금 늘어나는 방향(원단의 올이 풀리는 방향)
　③ 바이어스 방향 : 45° 각도로 원단이 가장 늘어나는 방향(마감 처리에 많이 사용하는 방향)

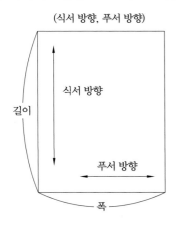
(식서 방향, 푸서 방향)

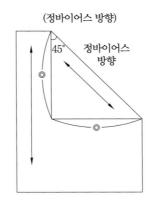
(정바이어스 방향)

(원단으로 봤을 때 방향)

## 3 원단의 폭과 길이

(1) 원단의 폭

　① 소폭 : 90cm(36인치)
　② 중폭 : 110cm(44인치)
　③ 대폭 : 150cm(60인치)

　★ 면 150cm(60인치)에 마를 넣은 원단(면마)
　　을 짤 때, 가공하면 56~57인치가 된다. 이
　　와 같이 원단을 짜고 가공을 하면 원단의
　　폭이 줄어들기도 하고 늘어나기도 한다.

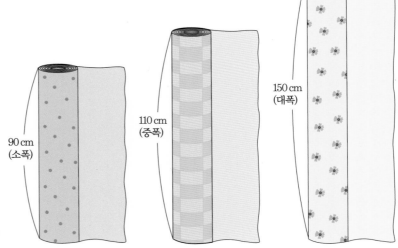

(2) 원단의 길이　 ★ cm가 아닌 마 단위로 한다.

　① 한 마 : 91.44cm(대략 90cm)
　② 반 마 : 45.72cm(대략 45cm)
　㉠ 블라우스 긴소매를 만들 경우 110cm 너비(폭) 원단에
　　필요 치수가 125~180cm이면, 한 마는 90cm이므로
　　두 마(2×90=180cm)가 필요하다.

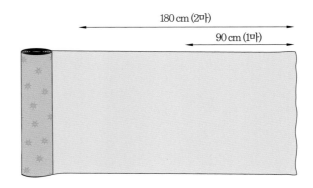

## 4 원단의 선택

　디자인은 같아도 어떤 원단을 사용하느냐에 따라 스타
일이 달라지므로 원단의 선택에 유의한다.

# 지퍼

- 지퍼의 부위별 명칭
- 지퍼를 다는 방법 (콘솔 지퍼)
- 콘솔 지퍼 파우치

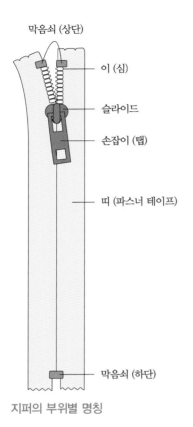

막음쇠 (상단)

이 (심)

슬라이드

손잡이 (탭)

띠 (파스너 테이프)

막음쇠 (하단)

지퍼의 부위별 명칭

양면 지퍼　금속 지퍼　콘솔 지퍼

분리형 지퍼

지퍼의 종류

## 1 양면 지퍼

이(심)가 불룩하게 튀어나와 있으며 주로 스커트나 바지에 사용된다. 일반적으로 바지에 많이 사용되므로 바지 지퍼라고도 한다.

## 2 금속 지퍼

튼튼하다는 장점이 있으며 주로 청바지에 많이 사용된다. 금속 지퍼를 다는 방법은 양면 지퍼와 동일하다.

## 3 콘솔 지퍼

지퍼를 잠궜을 때 이(심)가 가려져 보이지 않는 장점이 있으며 스커트, 원피스, 드레스에 많이 사용된다.

## 4 분리형 지퍼

지퍼가 완전히 분리될 수 있으며 주로 점퍼, 조끼 등에 사용된다.

# 2 지퍼를 다는 방법 (콘솔 지퍼)

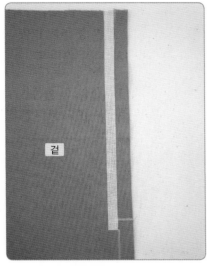

겉

**1** 지퍼를 달 위치에 1cm 식서 접착테이프 심지를 붙인다.
★ 22쪽 심지 참고

1cm 식서 접착테이프 심지

땀수 다이얼 번호가 클수록 땀의 길이가 길어진다.

지퍼를 달 부분

**2** 겉감을 겉과 겉끼리 놓고 지퍼를 달 부분에 큰 땀수로 박음질한다.
★ 시작점과 끝점은 되돌려박기 하지 않는다.

**3** 우마에 올려놓고 가름솔로 다림질한다.

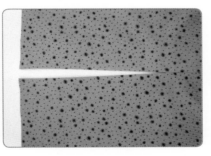

**4** 2에서 큰 땀수로 박음질했던 부분의 재봉실을 제거한다.

**5** 콘솔 지퍼를 벌린 후 톱니를 펴서 납작하게 다림질한다.

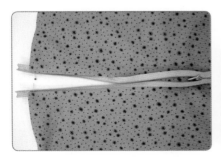

**6** 콘솔 지퍼를 달 위치에 올려놓는다.

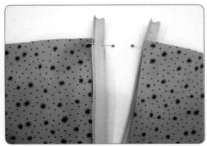

**7** 콘솔 지퍼의 상단 부분에 핀이나 시침실로 고정한다.

**8** 재봉틀의 노루발을 쇠 콘솔 노루발로 교체한다.

**1** 납작하게 다림질한 지퍼 끝선을 완성선에 맞추고 왼쪽부터 박음질한다.

**2** 끝부분까지 박음질한다.

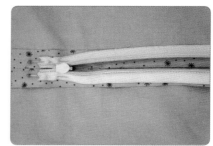

**3** 지퍼의 갈라진 부분과 봉제선 부분이 일 직선이 되도록 놓고, 핀이나 시침질로 고 정한다.

**4** 반대쪽 오른쪽 지퍼는 아래에서부터 박음 질한다.
  ★ 왼쪽 지퍼는 위에서 아래로, 오른쪽 지퍼 는 아래에서 위로 박음질한다.

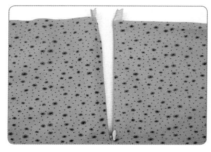

**5** 완성

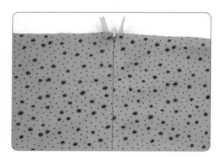

## 3 콘솔 지퍼 파우치

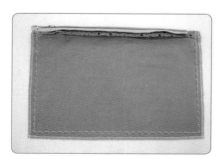

**1** 겉과 겉이 마주 보도록 놓고 박음질한 후 오버로크를 한다.

**2** 시접을 다림질한다.

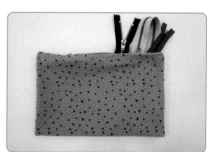

**3** 지퍼를 열어서 뒤집는다.

# 다트

- 다트
- 다트의 위치별 명칭
- 다트 만들기

# 1 다트

의복을 제작할 때 몸의 볼륨을 나타내기 위해 평면인 천을 입체적으로 표현할 수 있다. 앞몸판에 다트를 넣어 가슴이 돋보이고 허리 라인이 들어가게 하며, 뒷몸판에 다트를 넣어 어깨뼈 부분을 당겨주고 허리 라인이 들어가게 한다. 또한 스커트, 바지 원형에서는 앞판은 복부(배 부분), 뒤판은 둔부(엉덩이 부분)의 여유분을 인체에 맞게 하기 위해 다트를 넣는데, 이때 솔기가 겉으로 나타나지 않게 한다.

다트는 위치, 길이, 방향에 따라 의복의 유행이나 디자인이 달라지므로 상황에 따라 장식 효과를 내기 위해 기본 다트를 다른 곳으로 이동하기도 한다.

|  |  |
|---|---|
| **다트를 넣지 않은 의복** | **다트를 넣은 의복** |

★ 허리 라인이 들어가지 않는다.

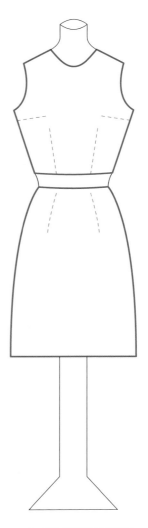

★ 허리 라인이 들어간다.

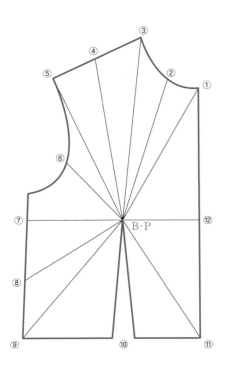

앞면

다트의 위치별 명칭

| 번호 | 용어 | 영어 |
|---|---|---|
| ① | 센터 프런트 네크 포인트 다트 | Center Front Neck Point Dart |
| ② | 네크 라인 다트 | Neck Line Dart |
| ③ | 네크 포인트 다트 | Neck Point Dart |
| ④ | 숄더 다트 | Shoulder Dart |
| ⑤ | 숄더 포인트 다트 | Shoulder Point Dart |
| ⑥ | 암홀 다트 | Arm Hole Dart |
| ⑦ | 언더암 다트 | Underarm Dart |
| ⑧ | 로 언더암 다트 | Low Underarm Dart |
| ⑨ | 프렌치 다트 | French Dart |
| ⑩ | 웨이스트 다트 | Waist Dart |
| ⑪ | 센터 프런트 웨이스트 다트 | Center Front Waist Dart |
| ⑫ | 센터 프런트 라인 다트 | Center Front Line Dart |

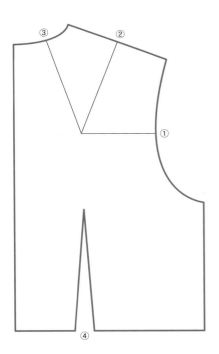

뒷면

다트의 위치별 명칭

| 번호 | 용어 | 영어 |
|---|---|---|
| ① | 암홀 다트 | Arm Hole Dart |
| ② | 숄더 다트 | Shoulder Dart |
| ③ | 네크라인 다트 | Neck Line Dart |
| ④ | 웨이스트 다트 | Waist Dart |

(1) 센터 프런트 네크 포인트 다트

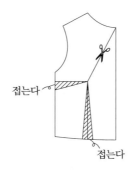
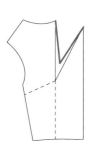

(2) 네크 라인 다트

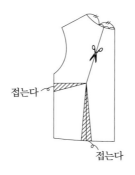

(3) 네크 포인트 다트

(4) 숄더 다트

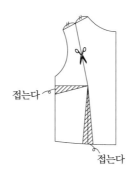
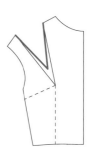

## (5) 숄더 포인트 다트

 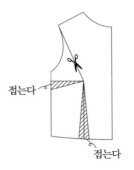

접는다

접는다

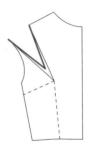

## (6) 암홀 다트

접는다

접는다

## (7) 언더암 다트

 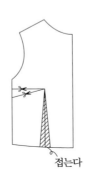

접는다

## (8) 로 언더암 다트

접는다

접는다

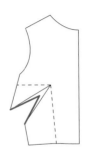

## (9) 프렌치 다트

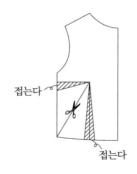
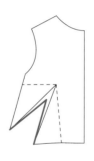

접는다

접는다

## (10) 웨이스트 다트

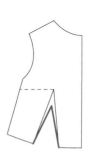

접는다

## (11) 센터 프런트 웨이스트 다트

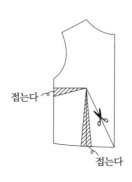
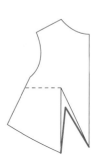

접는다

접는다

## (12) 센터 프런트 라인 다트

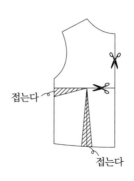

접는다

접는다

## 2 뒷면

### (1) 암홀 다트

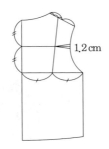

1.2 cm

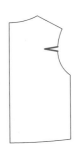

### (2) 숄더 다트

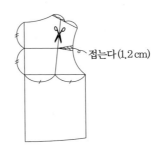

접는다(1.2 cm)

### (3) 네크라인 다트

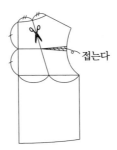

접는다

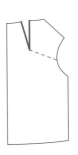

### (4) 웨이스트 다트

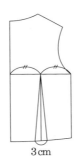

3 cm

# 3 다트 만들기

## 1 보통 두께인 옷감의 다트

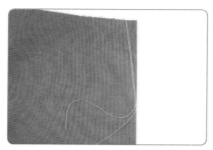

1 다트를 접어 박음질한다.

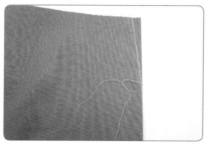

2 다트 끝의 박음질은 되박음하지 않고 실을 길게 남겨 자른 후, 매듭을 지어 풀리지 않도록 세 번 묶어준다.

3 묶은 실은 1cm 남겨 놓고 자른다.

## 2 두꺼운 옷감의 다트

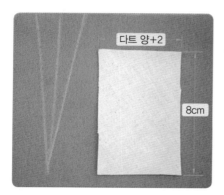

다트 양+2

8cm

1 덧댄감을 준비한다.  ★ 다트 길이 : 10cm

2 다트 중간에 덧댄감을 놓고 박음질한다.

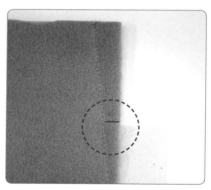

3 덧댄감 바로 위 다트에 가윗집을 준다.

4 가윗집을 낸 위치까지 다트 중심선을 잘라준다.

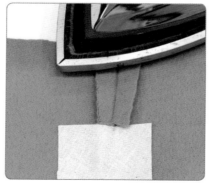

5 다트와 덧댄감을 가름솔하여 다림질한다.

6 완성

**3 숄더 다트**

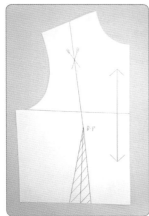

1 몸판 패턴을 그린다.

2 가위를 사용하여 B.P까지 자른다.

3 다트를 접는다.

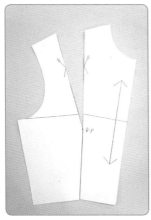

4 접은 다트가 떨어지지 않도록 풀이나 테이프로 붙인다.

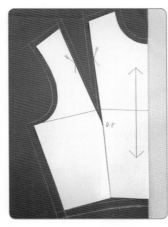

5 원단 위에 패턴을 올려놓고 초크로 시접선을 그린다.

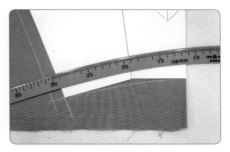

6 각이 생긴 다트선은 곡자를 사용하여 자연스럽게 수정한다.

7 재단한 몸판 모습

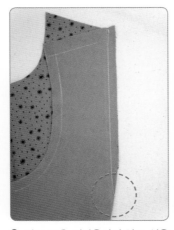

8 다트 끝은 되박음하지 않고 실을 길게 남겨 자른 후, 매듭을 지어 풀리지 않도록 세 번 묶어준다.

9 다림질한다.

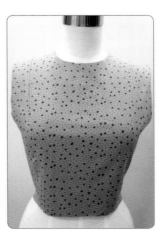

10 완성

# 몸판

# 몸판 제도에 필요한 용어

★ 앞면 부분을 앞몸판, 뒷면 부분을 뒷몸판이라고 한다.

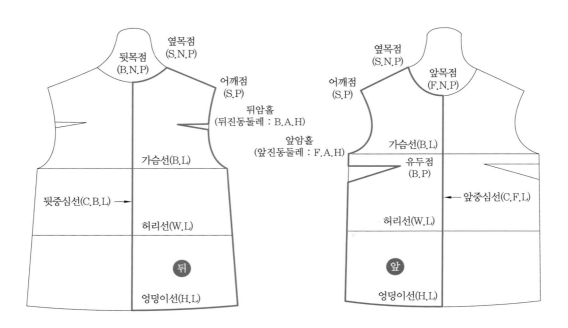

**몸판 제도에 필요한 용어**

| 용어 | 약어 | 영어 | 용어 | 약어 | 영어 |
|------|------|------|------|------|------|
| 가슴둘레 | B | Bust Girth | 어깨선 | S.L | Shoulder Line |
| 허리둘레 | W | Waist Girth | 중심선 | C.L | Center Line |
| 엉덩이둘레 | H | Hip Girht | 암홀(진동둘레)선 | A.H | Arm Hole |
| 가슴선 | B.L | Bust Line | 옆목점 | S.N.P | Side Neck Point |
| 허리선 | W.L | Waist Line | 앞목점 | F.N.P | Front Neck Point |
| 엉덩이선 | H.L | Hip Line | 뒷목점 | B.N.P | Back Neck Point |
| 유두점 | B.P | Bust Point | 뒷중심선 | C.B.L | Center Back Line |
| 어깨점 | S.P | Shoulder Point | 앞중심선 | C.F.L | Center Front Line |

## 2 몸판 그리기

| 적용 치수 | 상의길이 : 56cm, 가슴둘레 : 86cm, 허리둘레 : 68cm, 엉덩이둘레 : 92cm, 엉덩이길이 : 18cm, 등길이 : 38cm, 등품 : 35cm, 어깨너비 : 38cm, 앞길이 : 40.5cm, 앞품 : 33cm, 유장 : 24cm, 유폭 : 18cm |
|---|---|

### 1 뒤판

치수 55 기준

❶ ❷ ❸

진동깊이
$\left(\dfrac{가슴둘레}{4}\right)$
: 21.5cm

등길이
(38 cm)

상의길이
(56 cm)

엉덩이길이
(18 cm)

| 아이템 | 진동 깊이 |
|---|---|
| 기본 원형 | 21.5cm |
| 민소매 | 19cm |
| 블라우스 | 20cm |
| 원피스 | 20cm |
| 재킷 | 22cm |
| 코트 | 23cm |
| 점퍼 | 25cm |

❹ ❺ ❻ ❼

2.5 cm
7.5 cm

$\dfrac{등품}{2}$ (17.5 cm)

$\dfrac{가슴둘레}{4} + 1$
(=22.5cm)

(=24cm)
$\dfrac{엉덩이둘레}{4} + 1$

$\dfrac{어깨너비}{2}$ (19 cm)

❽ ☆
1 cm

❾
0.6 cm

B.L

3 cm

W.L

H.L

목둘레 그리기(❼)
자 사용법

뒤암홀 그리기(❾)
자 사용법

## ② 앞판

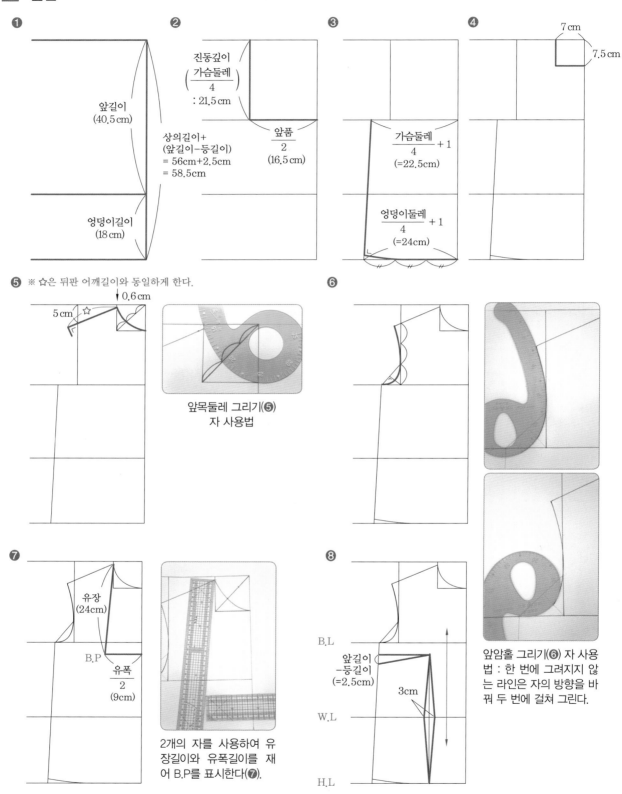

❶
앞길이
(40.5cm)

상의길이+
(앞길이−등길이)
= 56cm+2.5cm
= 58.5cm

엉덩이길이
(18cm)

❷
진동깊이
$\left(\dfrac{가슴둘레}{4}\right)$
: 21.5cm

$\dfrac{앞품}{2}$
(16.5cm)

❸
$\dfrac{가슴둘레}{4}+1$
(=22.5cm)

$\dfrac{엉덩이둘레}{4}+1$
(=24cm)

❹
7 cm
7.5 cm

❺ ※ ☆은 뒤판 어깨길이와 동일하게 한다.

0.6 cm
5 cm
☆

앞목둘레 그리기(❺)
자 사용법

❻

앞암홀 그리기(❻) 자 사용
법 : 한 번에 그려지지 않
는 라인은 자의 방향을 바
꿔 두 번에 걸쳐 그린다.

❼
유장
(24cm)

B.P
$\dfrac{유폭}{2}$
(9cm)

2개의 자를 사용하여 유
장길이와 유폭길이를 재
어 B.P를 표시한다(❼).

❽
B.L

앞길이
−등길이
(=2.5cm)

3cm

W.L

H.L

# 3 몸판 박음질

## 1 기본 박시 라인

목둘레선　어깨선
암홀선
옆선
밑단선

❶ 앞판, 뒤판을 걸과 겉끼리 마주 보게
　놓는다.
❷ 어깨선과 옆선을 박음질한다.
　★ 35쪽 솔기 처리 참고
❸ 목둘레선, 암홀선, 밑단을 박음질한다.
　★ 40쪽 단 처리 참고

## 2 요크 플레어 라인

## 3 프린세스 라인

## 기본적인 몸판 라인

패턴

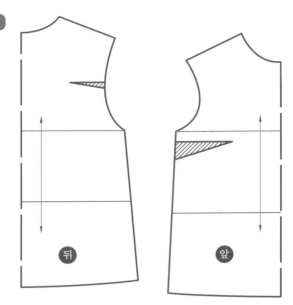

전개

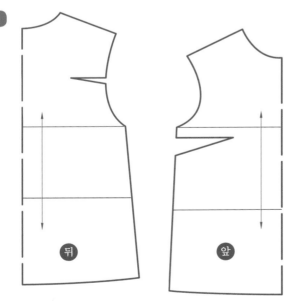

**5** 플레어 라인

밑단이 나팔꽃 모양으로 벌어지는 라인

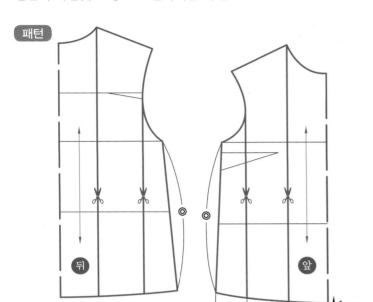

패턴

뒤

앞

1cm

전개

뒤

앞

8cm 벌림

8cm 벌림

8cm 벌림

8cm 벌림

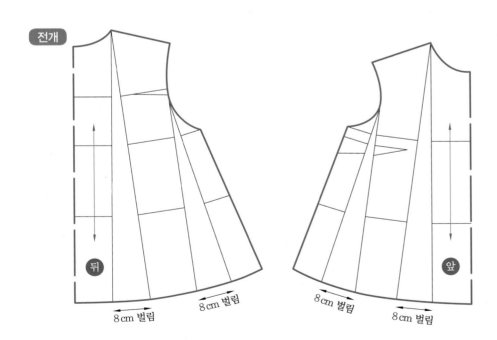

윗부분은 다른 원단을 사용하고 아랫부분은 나팔꽃 모양으로 벌어지는 라인

패턴

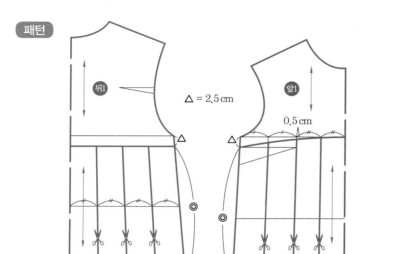

전개

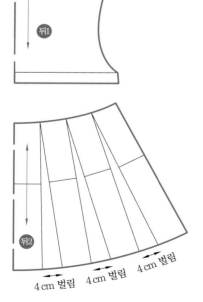

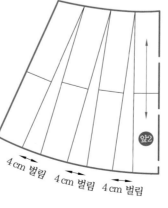

# 7 요크 셔링 라인

윗부분은 다른 원단을 사용하고 아랫부분은 주름을 잡아 풍성한 느낌을 주는 라인

패턴

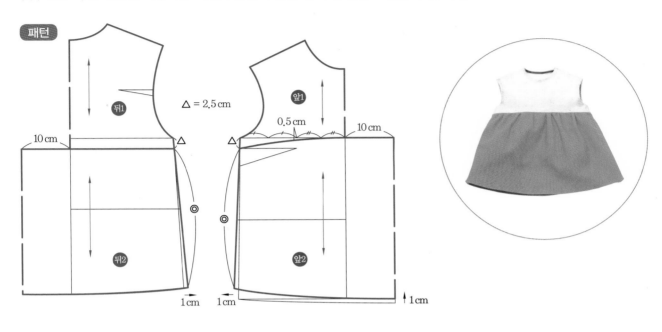

전개

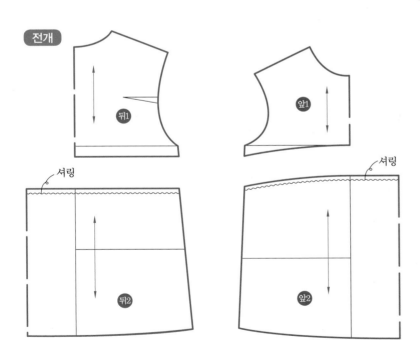

# 8 스퀘어 셔링 라인

어깨선을 사각형 모양으로 만들고 아랫부분은 주름을 잡아 풍성한 느낌을 주는 라인

패턴

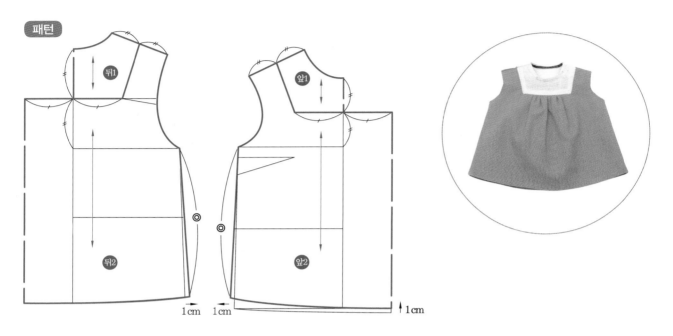

전개

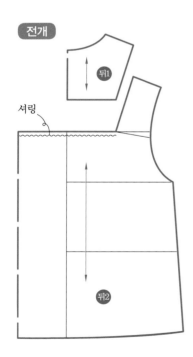

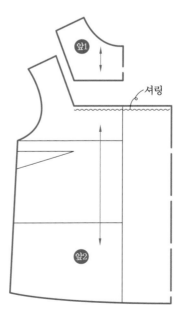

# 9 핀턱 라인

원단을 일정한 간격으로 접어서 만든 긴 주름 라인

패턴

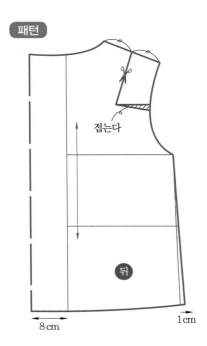

접는다

뒤

8 cm　　　　　　1 cm

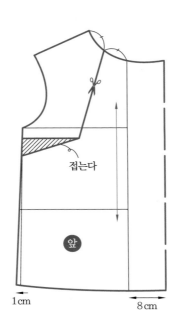

접는다

앞

1 cm　　　　　8 cm

전개

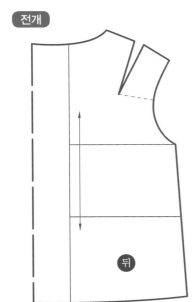

뒤

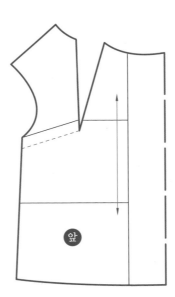

앞

# 10 요크 핀턱 라인

윗부분은 다른 원단으로 사용하고 아랫부분은 원단을 일정한 간격으로 접어서 만든 긴 주름 라인

패턴

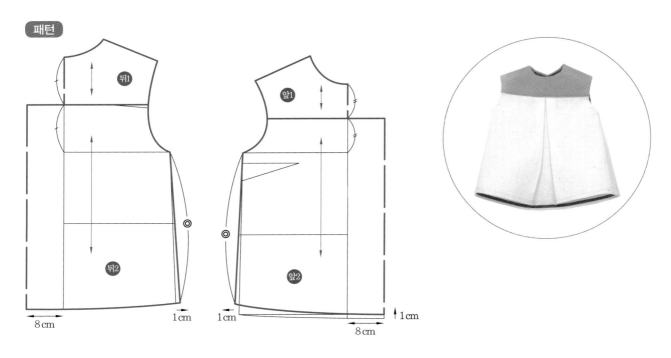

전개

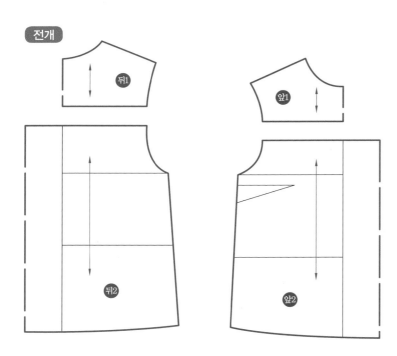

## 11 암홀 라인

암홀에서부터 절개선을 넣어 상반신에 꼭 맞게 한 라인

**패턴**

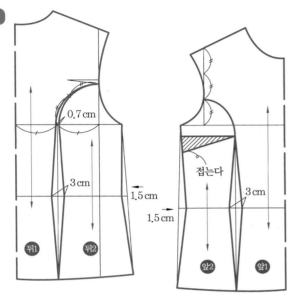

0.7 cm

3 cm

1.5 cm

접는다

1.5 cm

3 cm

뒤1   뒤2

앞2   앞1

**전개**

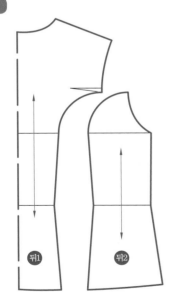

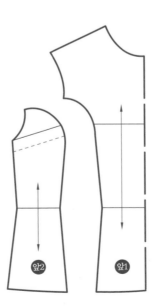

뒤1   뒤2

앞2   앞1

# 12 페플럼 라인

허리를 강조한 디자인에 많이 사용하며, 허리 아래로 러플 플리츠를 넣은 라인

패턴

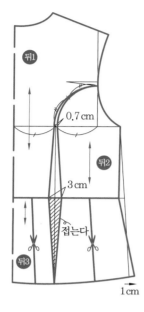
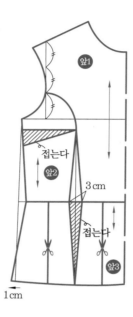

전개

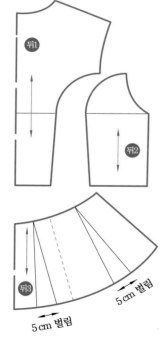
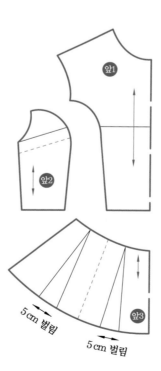

# 프린세스 라인

어깨 또는 진동둘레에서부터 세로로 절개선을 넣어 상반신에 꼭 맞게 한 라인

패턴

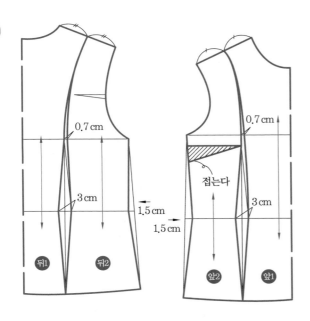

0.7 cm

0.7 cm

접는다

3 cm

3 cm

1.5 cm

1.5 cm

뒤1    뒤2    앞2    앞1

전개

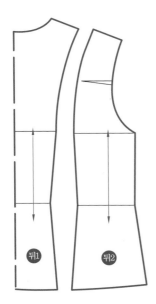

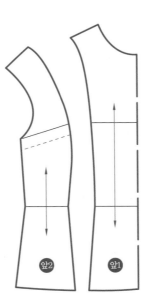

뒤1    뒤2    앞2    앞1

# 네크라인

- 라운드 네크라인
- 유 네크라인
- 보트 네크라인
- 오프 숄더 네크라인
- 하트 네크라인
- 스위트 하트 네크라인
- 슬릿 네크라인
- 키홀 네크라인
- 스캘럽트 네크라인
- 지그재그 네크라인
- 브이 네크라인

- 스퀘어 네크라인
- 트라페즈 네크라인
- 캐미솔 네크라인
- 서플리스 네크라인
- 하이 네크라인
- 하이 원 네크라인
- 터틀 네크라인
- 가디건 네크라인
- 드로스트링 네크라인
- 카울 네크라인

# 1 라운드 네크라인

둥근 형태의 네크라인

`패턴`

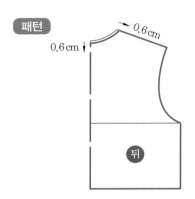

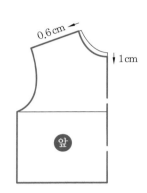

# 2 유 네크라인

U자형으로 파인 네크라인

`패턴`

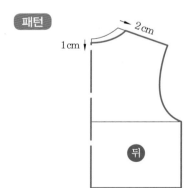

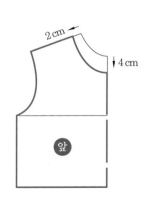

## 3 보트 네크라인

배 밑바닥 모양의 네크라인

패턴

## 4 오프 숄더 네크라인

양쪽 어깨가 깊게 파인 네크라인

패턴

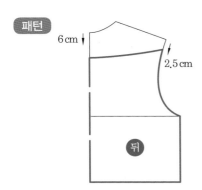

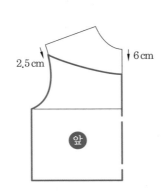

## 5 하트 네크라인

하트 모양의 네크라인

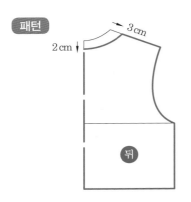
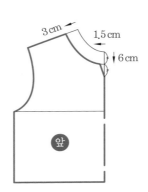

패턴

3 cm

2 cm

뒤

3 cm

1.5 cm

6 cm

앞

## 6 스위트 하트 네크라인

하트 모양으로 깊게 파인 네크라인

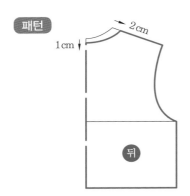
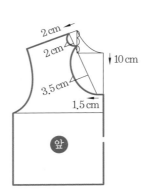

패턴

2 cm

1 cm

뒤

2 cm

2 cm

10 cm

3.5 cm

1.5 cm

앞

# 7 슬릿 네크라인

앞중심에 좁은 세로 트임이 있는 네크라인

패턴

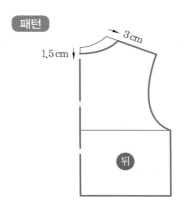

3cm
1.5cm

뒤

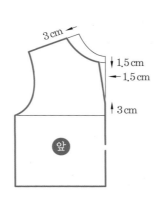

3cm
1.5cm
1.5cm
3cm

앞

# 8 키홀 네크라인

중앙이 원, 삼각형, 사각형 모양이 되도록 만든 네크라인

패턴

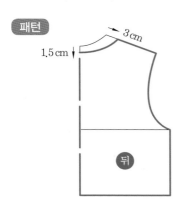

3cm
1.5cm

뒤

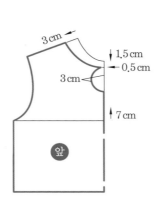

3cm
1.5cm
0.5cm
3cm
7cm

앞

**스캘럽트 네크라인**

조개껍데기를 늘어놓은 듯한 물결 모양의 네크라인

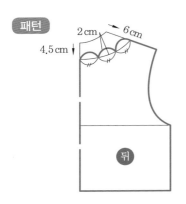 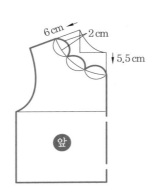

 **지그재그 네크라인**

뾰족한 모양이 이어진 네크라인

 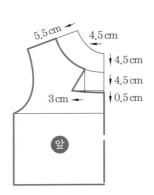

브이 네크라인

V자 모양의 네크라인

패턴

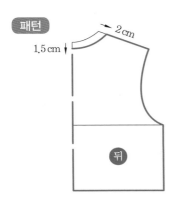

2 cm
1.5 cm
뒤

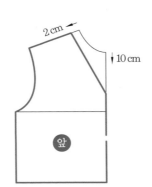

2 cm
10 cm
앞

 스퀘어 네크라인

사각형 모양의 네크라인

패턴

4 cm
3 cm
1 cm
뒤

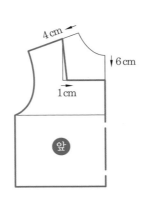

4 cm
6 cm
1 cm
앞

## 13 트라페즈 네크라인

위보다 아래가 넓은 사다리꼴 모양의 네크라인　★ '트라페즈'는 불어로 사다리꼴이라는 뜻이다.

패턴

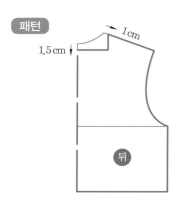

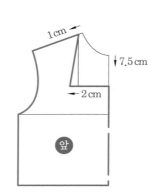

## 14 캐미솔 네크라인

가슴선(Bust Line)이 약간 깊게 커트된 네크라인

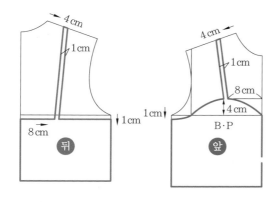

# 15 서플리스 네크라인

한복 저고리의 앞부분처럼 겹쳐진 네크라인

**패턴**

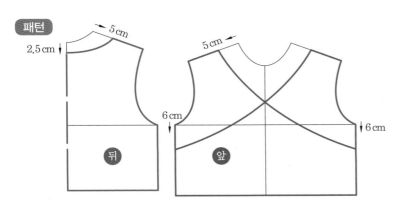

# 16 하이 네크라인

몸판에서 위로 연장하여 높게 만든 네크라인

**패턴**

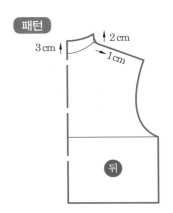

# 17 하이 원 네크라인

몸판에서 위로 연장하고 아래는 원을 만든 네크라인

패턴

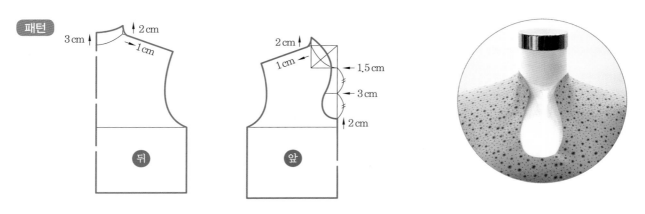

# 18 터틀 네크라인

목을 따라 접힌 하이 네크라인

패턴

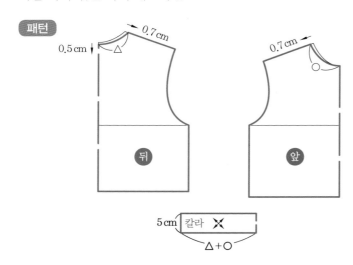

# 19 가디건 네크라인

앞여밈이 V자형으로 된 네크라인

패턴
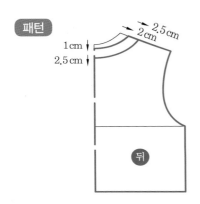
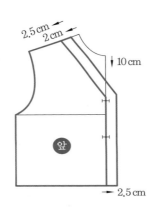

# 20 드로스트링 네크라인

끈으로 조인 네크라인

패턴
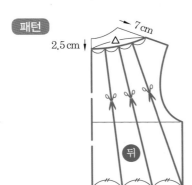
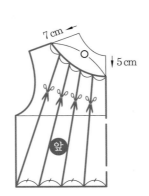

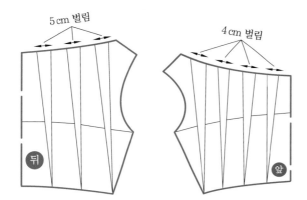

5 cm 벌림

4 cm 벌림

뒤

앞

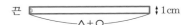

끈

△ + ○

‡1cm

---

**21 카울 네크라인**

부드러운 블라우스나 드레스에 물결처럼 앞이 주름진 네크라인

패턴

뒤

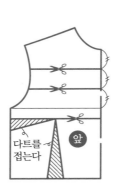

다트를
접는다

앞

전개

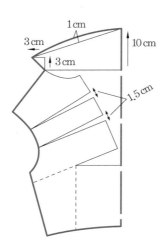

1 cm

3 cm

3 cm

10 cm

1.5 cm

# 소매

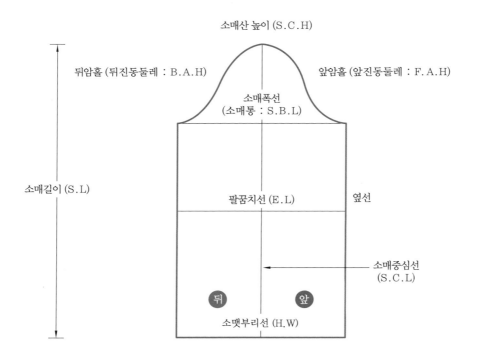

소매 제도에 필요한 용어

| 용어 | 약어 | 영어 | 용어 | 약어 | 영어 |
|---|---|---|---|---|---|
| 암홀(진동둘레)선 | A.H | Arm Hole | 소매폭선(소매통) | S.B.L | Sleeve Biceps Line |
| 앞암홀(앞진동둘레)선 | F.A.H | Front Arm Hole | 소매중심선 | S.C.L | Sleeve Center Line |
| 뒤암홀(뒤진동둘레)선 | B.A.H | Back Arm Hole | 소맷부리선 | H.W | Hand Wrist |
| 팔꿈치선 | E.L | Elbow Line | 소매길이 | S.L | Sleeve Length |
| 소매산 높이 | S.C.H | Sleeve Cap Hight | | | |

# 2 소매 그리기

| 적용 치수 | 소매길이 : 54cm | 뒤진동둘레 : 22cm | 앞진동둘레 : 20cm |
|---|---|---|---|
| | 팔꿈치길이 ($\frac{소매길이}{2}$ + 3cm) : 30cm | 소매산 ($\frac{앞진동둘레 + 뒤진동둘레}{3}$) : 14cm | |

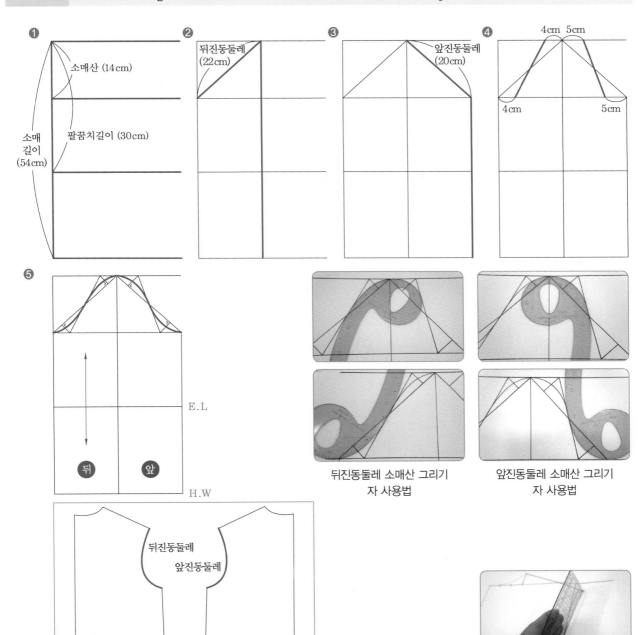

❶

소매산 (14cm)

소매길이 (54cm)

팔꿈치길이 (30cm)

❷

뒤진동둘레 (22cm)

❸

앞진동둘레 (20cm)

❹

4cm 5cm

4cm 5cm

❺

E.L

뒤 앞

H.W

뒤진동둘레

앞진동둘레

뒤 앞

뒤진동둘레 소매산 그리기
자 사용법

앞진동둘레 소매산 그리기
자 사용법

진동둘레 길이재기
자 사용법

# 3 소매 길이에 따른 명칭

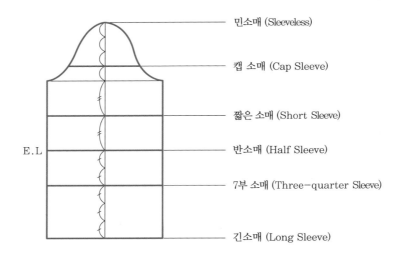

민소매 (Sleeveless)

캡 소매 (Cap Sleeve)

짧은 소매 (Short Sleeve)

반소매 (Half Sleeve)

7부 소매 (Three-quarter Sleeve)

긴소매 (Long Sleeve)

E.L

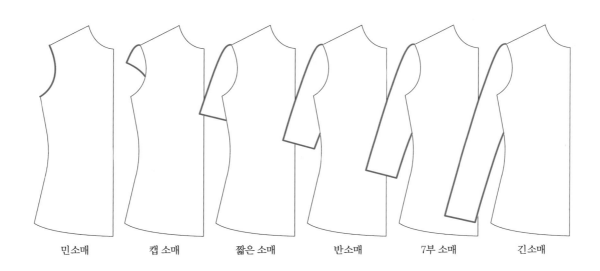

| 민소매 | 캡 소매 | 짧은 소매 | 반소매 | 7부 소매 | 긴소매 |

**tip** 소매 너비에 따른 명칭

일반적으로 소맷부리의 너비에 따라 보통 소매, 타이트 소매, 루즈 소매, 와이드 소매로 분류한다.

# 4 스트레이트 소매

기본형으로 직선 형태의 소매

패턴

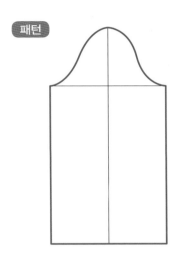

# 5 플레어 소매

나팔꽃 모양으로 옷단을 벌려 소맷부리를 향해 퍼지게 만든 소매

## 1 짧은 소매

패턴

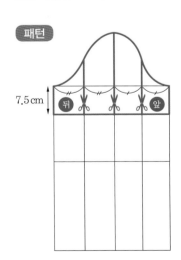

7.5cm  뒤  앞

전개

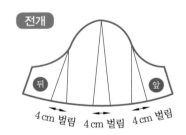

뒤  앞

4cm 벌림  4cm 벌림  4cm 벌림

## 2 반소매

패턴
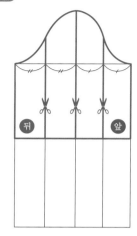

전개
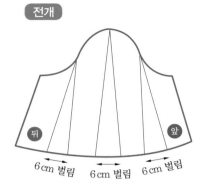

6 cm 벌림　6 cm 벌림　6 cm 벌림

## 3 긴소매

패턴
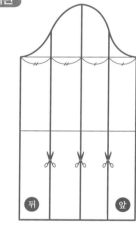

전개
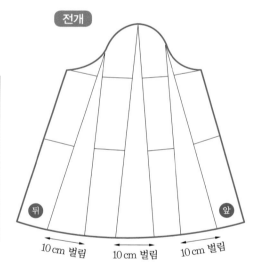

10 cm 벌림　10 cm 벌림　10 cm 벌림

---

**tip**　플레어 소매　

• 소매 중심선에서 앞소매, 뒷소매를 2등분 하여 절개선을 3개 넣고, 윗부분은 붙이고 소맷부리는 잘라서 부채꼴 모양으로 벌린 소매이다.
• 벌린 양에 따라 다양한 실루엣을 만들 수 있다.

# 6 퍼프 소매

소매산이나 소맷부리에 개더를 넣어 부풀린 소매　★ 개더 : 천에 홈질을 한 후, 그 실을 잡아당겨 만든 잔주름

## 1 짧은 소매

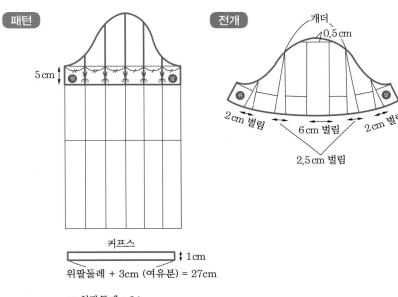

패턴

5cm

전개

개더
0.5cm

뒤　앞

2cm 벌림　6cm 벌림　2cm 벌림

2.5cm 벌림

커프스

↕1cm

위팔둘레 + 3cm (여유분) = 27cm

※ 위팔둘레 : 24cm

## 2 긴소매

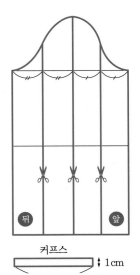

패턴

뒤　앞

커프스

↕1cm

손목둘레 + 3cm (여유분) = 20cm

※ 손목둘레 : 17cm

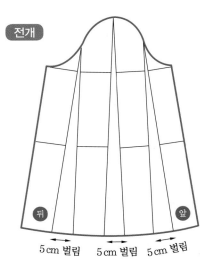

전개

뒤　앞

5cm 벌림　5cm 벌림　5cm 벌림

# 7 핀턱 소매

원단을 일정한 간격으로 접어서 만든 소매

## 1 짧은 소매

패턴

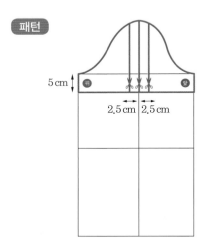

5 cm
뒤    앞
2.5 cm 2.5 cm

전개

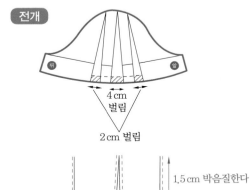

뒤    앞
4 cm 벌림
2 cm 벌림
1.5 cm 박음질한다

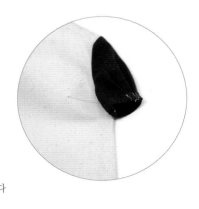

## 2 긴소매

패턴

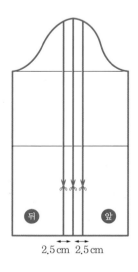

뒤    앞
2.5 cm 2.5 cm

전개

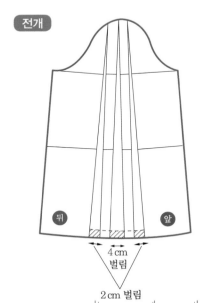

뒤    앞
4 cm 벌림
2 cm 벌림
1.5 cm 박음질한다

# 8 드롭 숄더 소매

어깨 끝이 내려앉은 둥그스런 소매

## 1 민소매

패턴

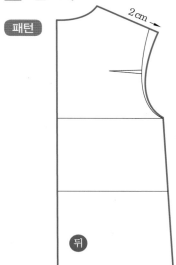

2 cm

2 cm

접는다

뒤

앞

## 2 짧은 소매

패턴

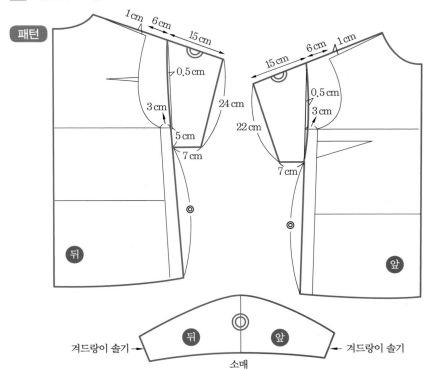

1 cm  6 cm  15 cm

0.5 cm

3 cm

24 cm

5 cm

7 cm

15 cm  6 cm  1 cm

0.5 cm

3 cm

22 cm

7 cm

뒤

앞

겨드랑이 솔기 →

뒤  앞

← 겨드랑이 솔기

소매

# 9 캡 소매

어깨 끝을 덮는 짧은 소매

패턴

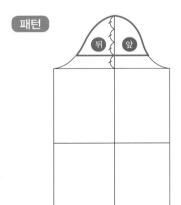

전개

# 10 튤립 소매

소매산에서 앞뒤 두 폭으로 나뉘어 포개진 꽃잎 모양의 소매

패턴

9 cm   9 cm

4 cm

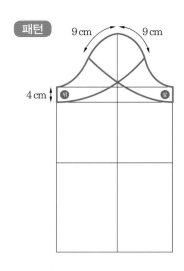

전개

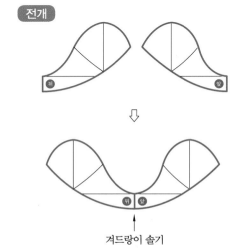

겨드랑이 솔기

# 11  랜턴 소매

호롱등처럼 생긴 소매

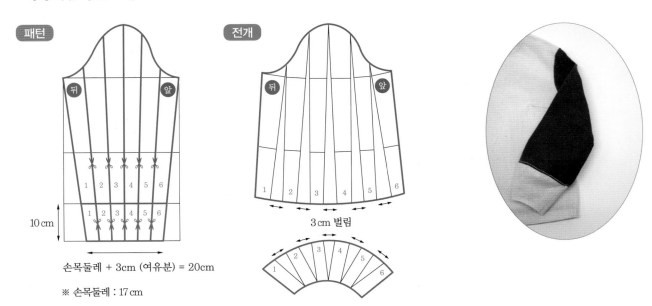

# 12  케이프 소매

어깨에 케이프를 덮은 듯한 느낌의 헐렁한 소매

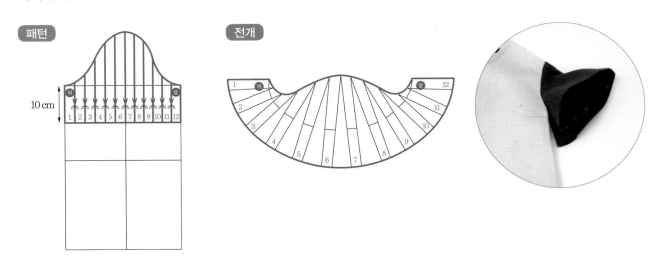

두 장으로 이루어진 소매

`패턴`

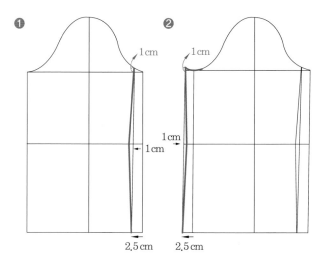

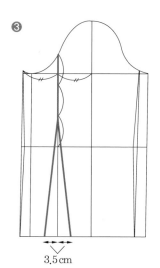

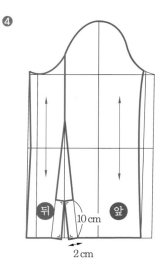

`전개`

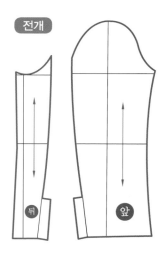

`tip` 두 장 소매

- 팔의 안쪽 부분을 안소매, 바깥쪽 부분을 겉소매라고 한다.
- 뒤쪽 솔기를 이용하여 트임이 만들어지며, 주로 재킷이나 코트의 소매에 이용된다.

# 14

# 타이트 소매

소매품이 적으며 팔에 꼭 맞는 소매

| 적용 치수 | 소맷부리(너비) : 20cm |
| --- | --- |

**패턴**

❶

1.5cm

❷

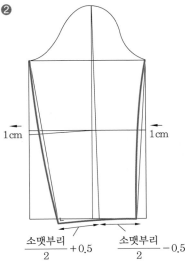

1cm          1cm

$$\frac{소맷부리}{2} + 0.5 \qquad \frac{소맷부리}{2} - 0.5$$

❸

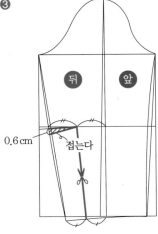

0.6cm

접는다

뒤   앞

**전개**

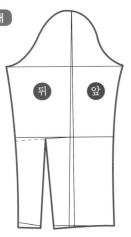

뒤   앞

# 호리존탈 소매

부분적으로 절개하여 개더를 넣고 풍성하게 만든 소매

## 1 짧은 소매

패턴　　　　　　　　　　　전개

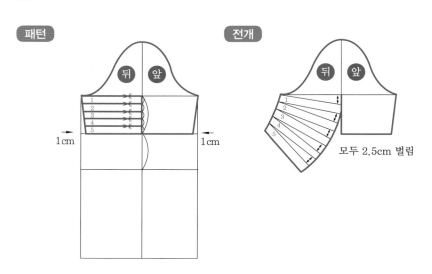

뒤　앞　　　　　　　　뒤　앞

1 cm　　　　　　1 cm

모두 2.5cm 벌림

## 2 긴소매

패턴　　　　　　　　　　　전개

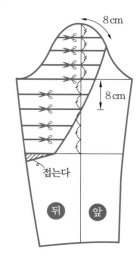

8 cm

8 cm

접는다

뒤　앞

모두 2cm 벌림

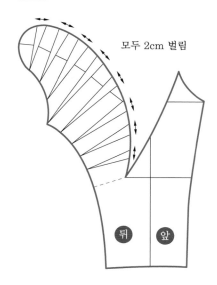

뒤　앞

★ 103쪽 타이트 소매로 만든다.

## 16 레그 오브 머튼 소매

소매산이 퍼프 소매처럼 부풀다가 점점 좁아져 소맷부리가 꼭 맞게 된 소매

**패턴**

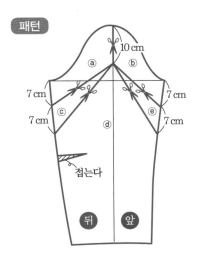

**전개**

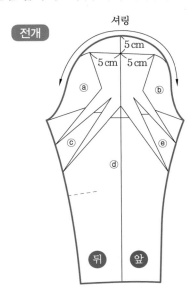

★ 103쪽 타이트 소매로 만든다.

## 17 러플 소매

개더를 넣은 천을 덧댄 소매

**패턴**

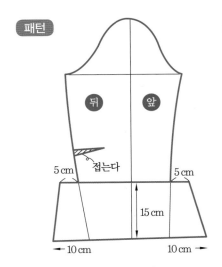

**전개**

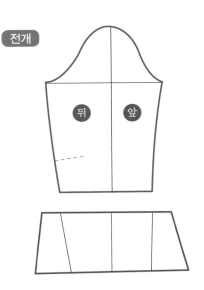

★ 103쪽 타이트 소매로 만든다.

# 18 래글런 소매

어깨 부분과 소매가 하나로 이어진 소매

뒤판

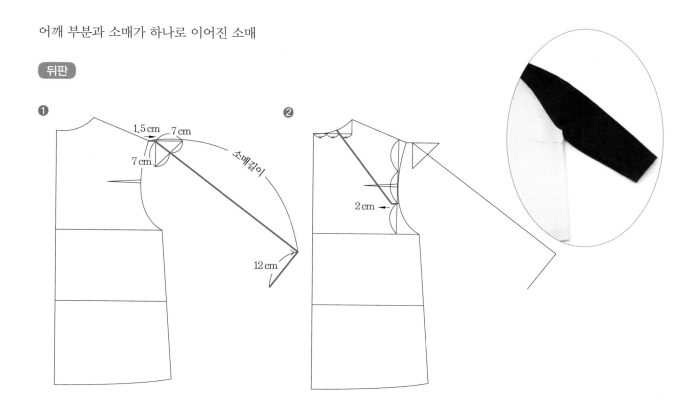

❶ 
1.5 cm  7 cm
7 cm
소매길이
12 cm

❷ 
2 cm

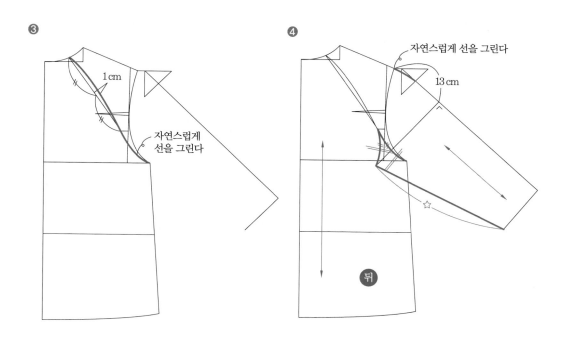

❸ 
1 cm
자연스럽게
선을 그린다

❹ 
자연스럽게 선을 그린다
13 cm
뒤

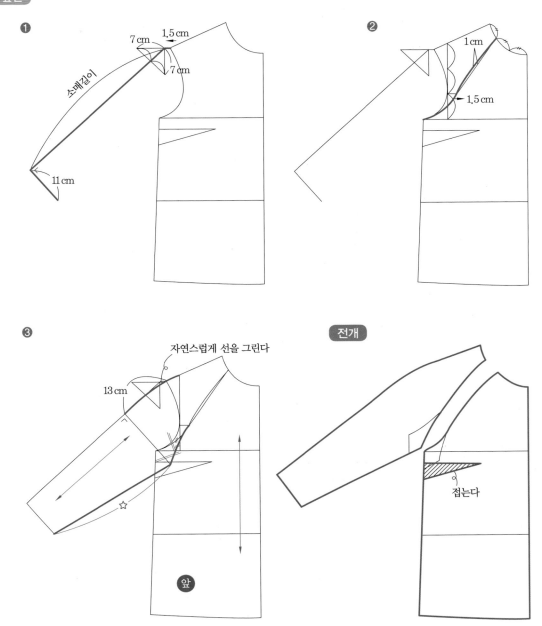

❶ 7 cm  1.5 cm  7 cm  소매길이  11 cm

❷ 1 cm  1.5 cm

❸ 자연스럽게 선을 그린다  13 cm  앞

전개  접는다

---

**tip**  래글런 소매

래글런 소매는 옷을 입었을 때 팔 동작을 원활하게 하며, 좁은 어깨를 시각적으로 보완해 주는 역할을 한다.

# 19 돌먼 소매

소매의 진동을 깊게 판 여유 있는 소매

뒤판

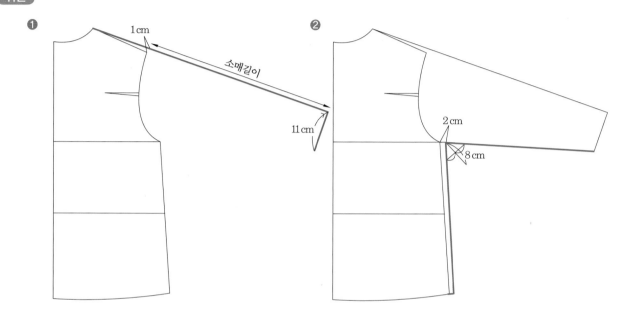

❶    1 cm    소매길이    11 cm

❷    2 cm    8 cm

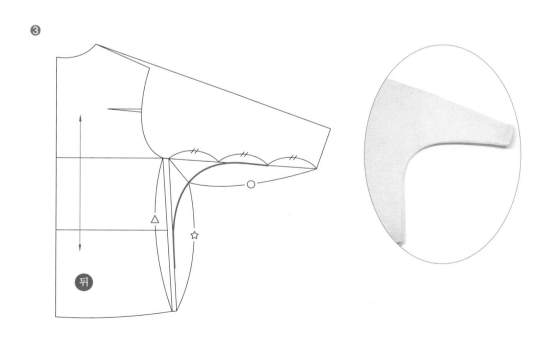

❸    뒤

❶

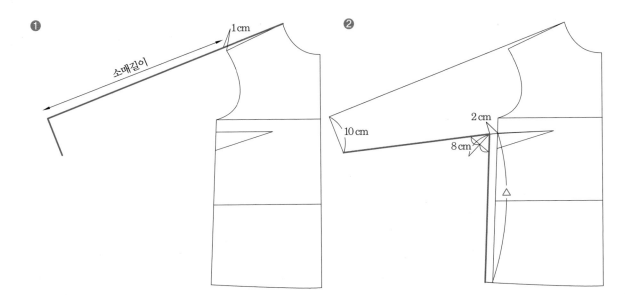

1cm
소매길이

❷

2 cm
10 cm
8 cm
△

❸

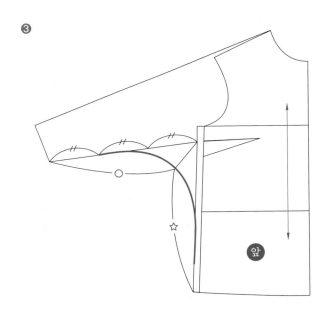

앞

tip    돌먼 소매

· 소매 위쪽이 넓고 소맷부리 쪽으로 갈수록 폭이 좁아지며, 기모노 소매라고도 불린다.
· 편안하게 입는 니트나 티셔츠에 많이 사용된다.

# 칼라

도식화

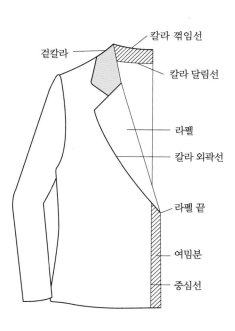

겉칼라
칼라 꺾임선
칼라 달림선
라펠
칼라 외곽선
라펠 끝
여밈분
중심선

패턴

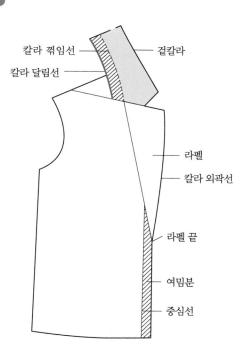

칼라 꺾임선
겉칼라
칼라 달림선
라펠
칼라 외곽선
라펠 끝
여밈분
중심선

도식화

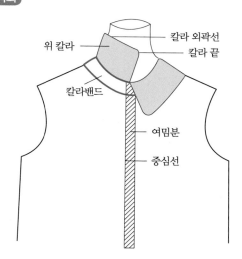

위 칼라
칼라 외곽선
칼라 끝
칼라밴드
여밈분
중심선

패턴

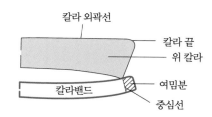

칼라 외곽선
칼라 끝
위 칼라
칼라밴드
여밈분
중심선

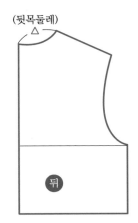

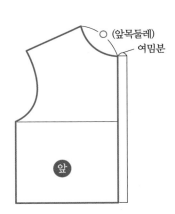

(뒷목둘레) △

○ (앞목둘레)

여밈분

뒤

앞

---

## 2 스탠딩 칼라

옷깃이 목을 둘러싼 칼라로, 너비에 따라 스탠드 칼라, 차이나 칼라, 맨더린 칼라 등이 있다.

패턴 방법 ❶

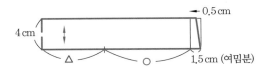

4 cm

← 0.5 cm

△        ○        1.5 cm (여밈분)

패턴 방법 ❷

4 cm

4 cm

2 cm

△        ○

# 3 셔츠 칼라

스포티한 느낌이며 와이셔츠 칼라와 비슷한 칼라

패턴

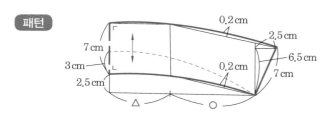

# 4 밴드 셔츠 칼라

남성복에서 유래된 타이를 맬 수 있는 칼라

패턴

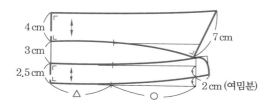

# 5 윙 칼라

클래식한 분위기로 옷깃의 앞면이 자연스럽게 젖혀진 칼라

패턴

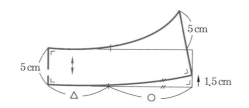

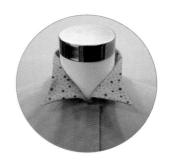

## 6 스포츠 칼라

첫 번째 단추를 여미거나 풀어서 입을 수 있는 칼라로 윙 칼라, 오픈 칼라, 컨버터블 칼라 등이 있다.

**패턴**

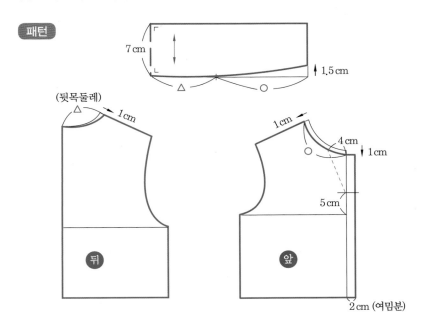

7 cm

↕ 1.5 cm

(뒷목둘레) △ 1 cm

1 cm ↖

4 cm

1 cm

5 cm

뒤

앞

2 cm (여밈분)

## 7 숄 칼라

숄을 걸친 것처럼 보이는 칼라

**패턴**

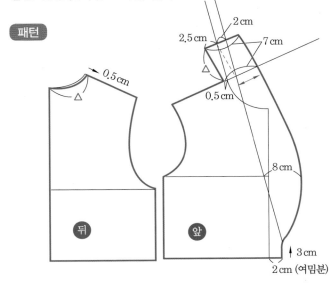

0.5 cm

△

2 cm

2.5 cm

7 cm

△

0.5 cm

8 cm

뒤

앞

↕ 3 cm

2 cm (여밈분)

# 8 테일러드 칼라

신사복에서 볼 수 있는 남성적인 칼라

**패턴**

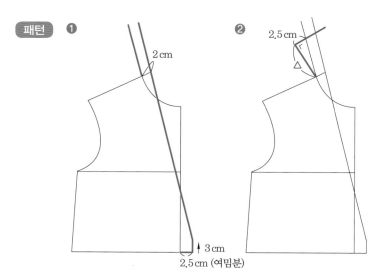

❶ 2cm

❷ 2.5cm △

3cm
2.5cm (여밈분)

❸ 7cm 7cm

❹ 3.5cm 4cm 8cm

❺ 0.5cm 0.5cm 앞

**전개**

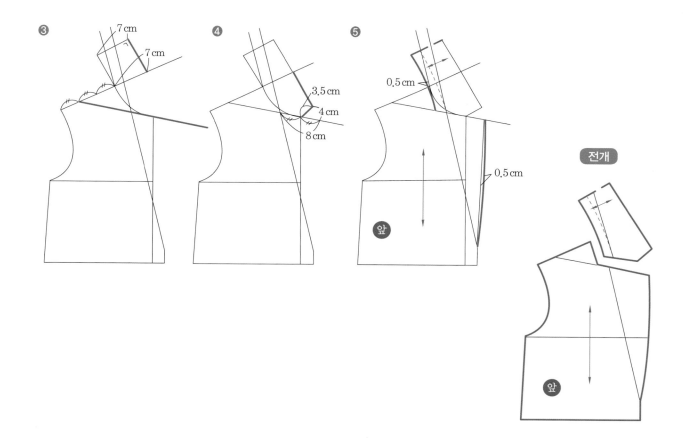

앞

# 9 플랫 칼라

목선에서 바로 젖혀진 칼라

패턴 방법 ❶

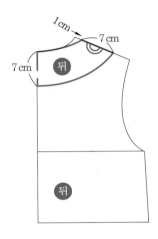

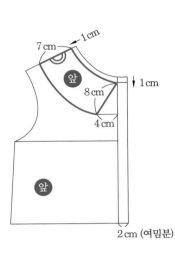

전개

패턴 방법 ❷

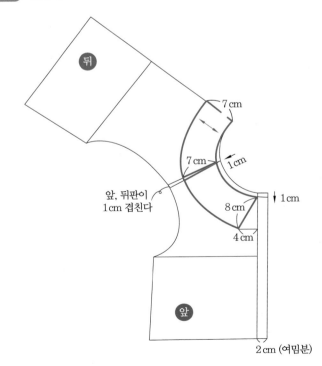

앞, 뒤판이
1cm 겹친다

2cm (여밈분)

# 로 플랫 칼라

아래에서부터 목선까지 바로 젖혀진 칼라

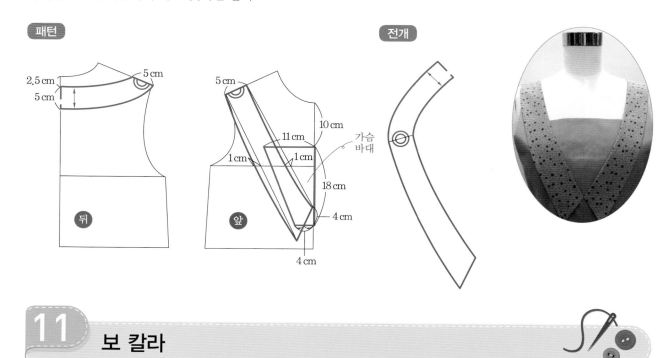

`패턴`

`전개`

2.5 cm
5 cm
5 cm

5 cm

뒤

5 cm
11 cm
1 cm
1 cm
10 cm
가슴
바대
18 cm
4 cm

앞

4 cm

# 보 칼라

긴 천으로 앞에서 다양하게 묶을 수 있는 칼라

`패턴`

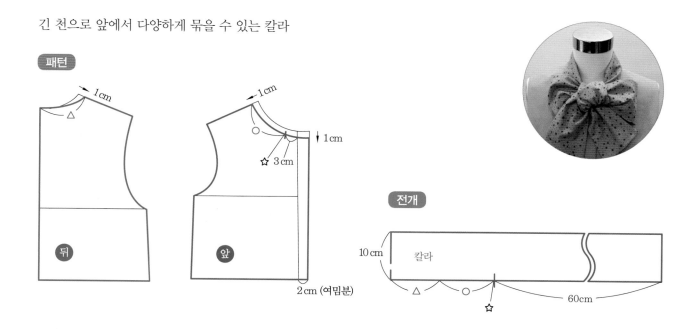

1 cm
△

뒤

1 cm
○
1 cm
☆ 3 cm

앞

2 cm (여밈분)

`전개`

10 cm
칼라
△    ○
☆
60cm

# 드레이프 칼라

자연스럽게 주름이 생기는 칼라

패턴

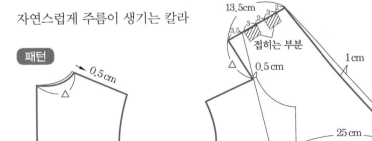

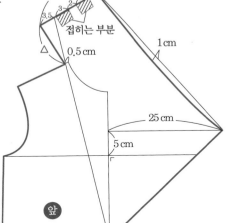

13.5cm

접히는 부분

3.5  3  2  2  3  3

0.5cm

△

0.5cm

1cm

25cm

5cm

뒤

앞

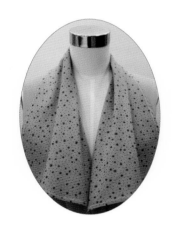

# 프릴 칼라

잔잔한 주름으로 물결진 칼라

패턴

전개

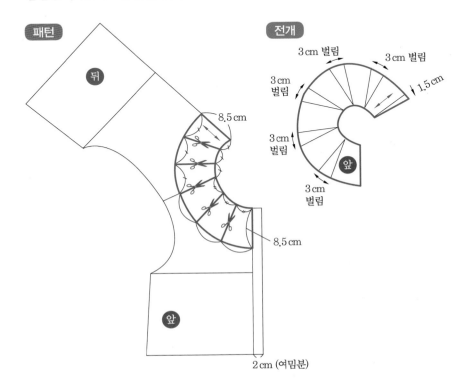

뒤

8.5cm

8.5cm

2cm (여밈분)

앞

3cm 벌림

3cm 벌림

3cm
벌림

1.5cm

3cm
벌림

앞

3cm
벌림

# 14 로 프릴 칼라

아래에서부터 잔잔한 주름으로 물결진 칼라

패턴

뒤

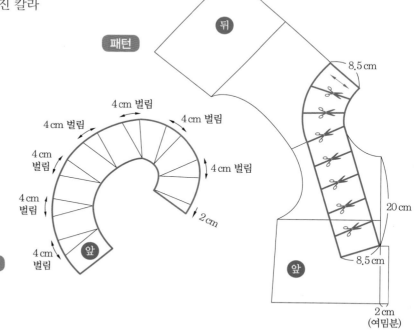

8.5 cm

4 cm 벌림

4 cm 벌림

4 cm 벌림

4 cm 벌림

4 cm 벌림

4 cm 벌림

2 cm

4 cm 벌림

앞

전개

20 cm

8.5 cm

앞

2 cm
(여밈분)

# 15 세일러 칼라

뒤쪽은 네모지고 앞쪽은 긴 라펠이 가슴까지 이어져 있는 칼라

패턴

뒤

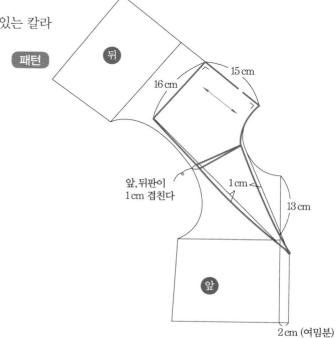

15 cm

16 cm

앞,뒤판이
1cm 겹친다

1 cm

13 cm

앞

2 cm (여밈분)

## 케이프 칼라

어깨를 덮는 큰 칼라

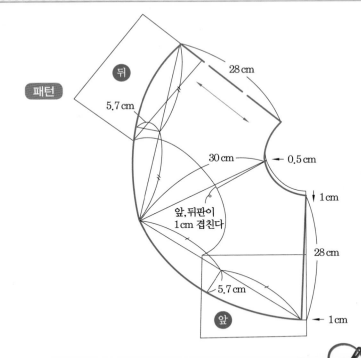

패턴

뒤

5.7 cm

28 cm

30 cm

← 0.5 cm

↑ 1 cm

앞,뒤판이
1cm 겹친다

28 cm

5.7 cm

앞

← 1 cm

# 17

## 후드

머리 전체를 덮어싸는 모자

패턴

$\left(\dfrac{\text{머리둘레}}{2}+5\right)$cm

7 cm

10 cm

1 cm

△

1.5 cm

5 cm
1 cm
3 cm

40 cm

8 cm

1.5 cm

△ + ○

뒤

앞

2 cm (여밈분)

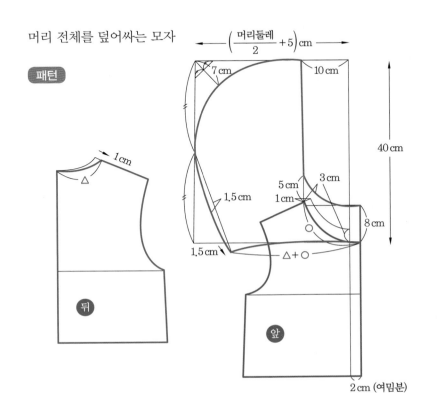

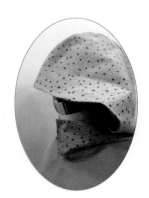

| 머리둘레 | 머리에서 가장 두꺼운 부분에 줄자를 돌려서 둘레를 잰다. |
|---|---|
| 머리길이 | 목을 옆으로 젖힌 후 머리 꼭대기에서부터 옆목점까지의 길이를 잰다. |

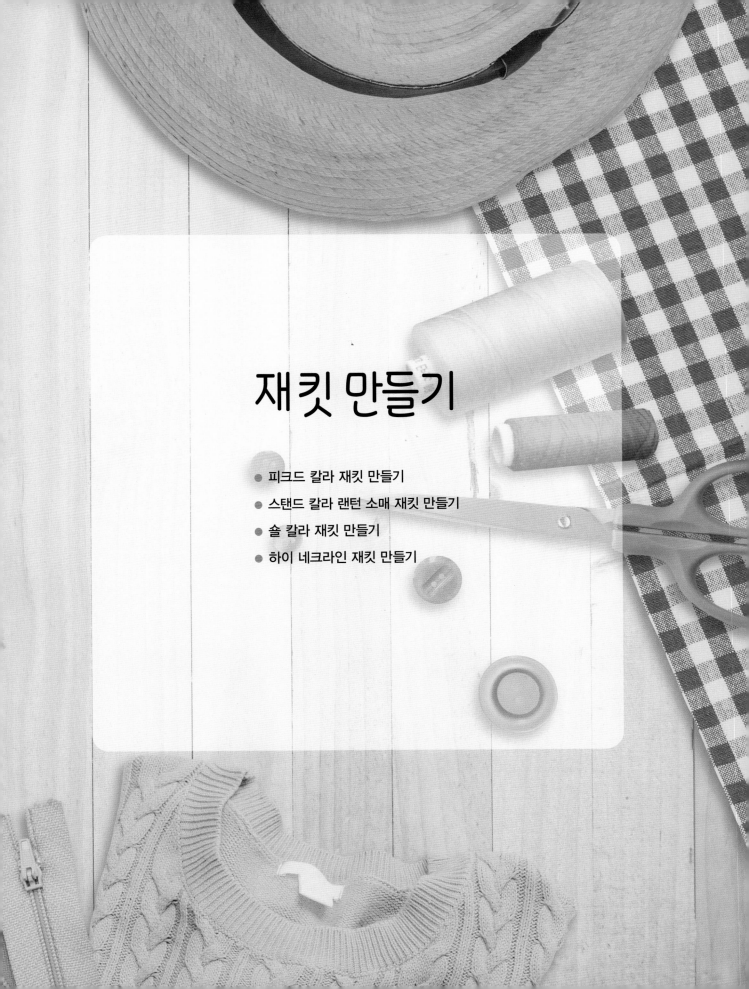

# 재킷 만들기

# 피크드 칼라 재킷 만들기

| 작 업 지 시 서 | 결재 | 디자이너 | 팀 장 | 실 장 | 대 표 |
|---|---|---|---|---|---|
| | | | | | |

ITEM : 피크드 칼라 재킷       작성일자 : 20   년   월   일

**적용 치수**

가슴둘레 : 86cm
허리둘레 : 68cm
엉덩이둘레 : 92cm
엉덩이길이 : 18cm
등길이 : 38cm
앞길이 : 40.5cm
등품 : 35cm
앞품 : 33cm
어깨너비 : 38cm
유장 : 24cm
소매길이 : 57cm
소매밑단둘레 : 25cm
재킷길이 : 57cm

| 봉재 시 유의사항 |
|---|

- 겉감, 안감 식서 방향에 주의하시오.
- 심지는 밀리지 않도록 다림질에 유의하시오.
- 앞판은 암홀 프린세스 라인, 뒤판은 허리 다트로 하시오.
- 소매는 두 장 소매로 트임 없이 하시오.
- 겉감 밑단은 바이어스로 처리하여 공그르기하시오.
- 안감 밑단은 접어박기하시오.
- 소매진동 시접 처리는 바이어스 처리하시오.
- 소맷부리는 바이어스로 처리하여 공그르기하시오.
- size 절대 준수

**원·부자재 소요량**

| 자재명 | 규격 | 단위 | 소요량 |
|---|---|---|---|
| 겉감 | 110cm | cm | 210 |
| 안감 | 110cm | cm | 210 |
| 심지 | 110cm | cm | 100 |
| 재봉실 | 60s/3합 | com | 1 |
| 다대 테이프 | 10mm | cm | 150 |
| 단추 | 20mm | EA | 1 |
| 단추 | 12mm | EA | 2 |

| 적용 치수 | ① 재킷길이 : 57cm | ③ 진동 깊이 : $\dfrac{가슴둘레}{4}$ +1cm |
|---|---|---|
| | ② 등길이 : 38cm | ④ 엉덩이길이 : 18cm |

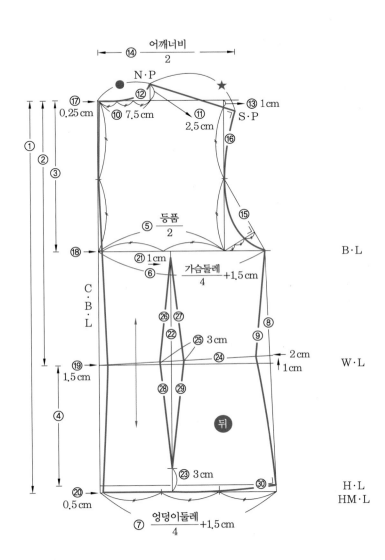

| 적용 치수 | ① 재킷길이 : 57cm+2.5cm | ⑰ 유장 : 24cm |
|---|---|---|
| | ② 앞길이 : 40.5cm | ⑱ 유폭 : 18cm, $\dfrac{유폭}{2}$ : 9cm |
| | ③ 진동 깊이 : $\dfrac{가슴둘레}{4}$+1cm | ⑲ 앞길이−등길이 |
| | ④ 엉덩이길이 : 18cm | ㉙ 여밈분 |
| | ⑭ 뒤어깨선 치수를 재어 앞어깨선을 그린다. | ㊱ 뒷목둘레 : 8cm |

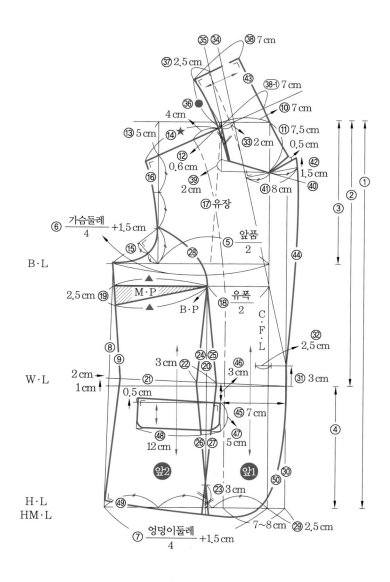

# 3 칼라 그리기

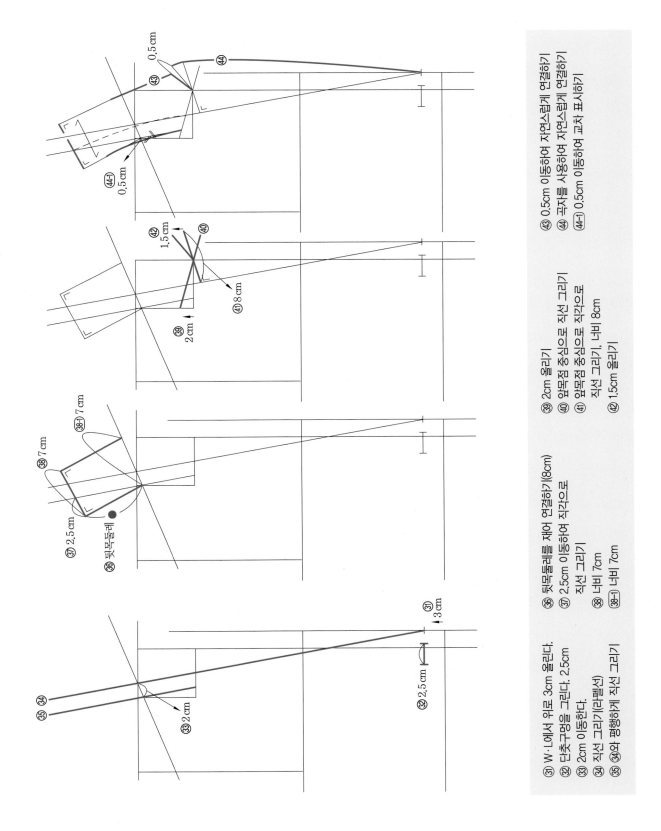

㉛ W·L에서 위로 3cm 올린다.
㉜ 단춧구멍을 그린다. 2.5cm
㉝ 2cm 이동한다.
㉞ 직선 그리기(리펠선)
㉟ ㉞와 평행하게 직선 그리기

㊱ 뒷목둘레를 재어 연결하기(8cm)
㊲ 2.5cm 이동하여 직각으로 직선 그리기
㊳ 너비 7cm
㊳-1 너비 7cm

㊴ 2cm 올리기
㊵ 앞목점 중심으로 직선 그리기
㊶ 앞목점 중심으로 직각으로 직선 그리기, 너비 8cm
㊷ 1.5cm 올리기

㊸ 0.5cm 이동하여 자연스럽게 연결하기
㊹ 곡자를 사용하여 자연스럽게 연결하기
㊹-1 0.5cm 이동하여 교차 표시하기

재킷 만들기 **127**

# 4 두 장 소매 설계도

**적용 치수**

① 소매길이 : 57cm

② 소매산 ($\frac{\text{앞진동둘레} + \text{뒤진동둘레}}{3}$) : 15cm

③ 팔꿈치길이 ($\frac{\text{소매길이}}{2}$ + 3cm) : 31.5cm

④ 앞진동둘레(표준 22cm) − 0.5cm

⑤ 뒤진동둘레(표준 23cm) − 0.5cm

㉕ ★ 총너비 : 대략 31cm

㉖ 31cm(★ 총너비) − 25cm(소매밑단너비)=▲ 6cm

\* 소매밑단너비(소맷부리) : 25cm

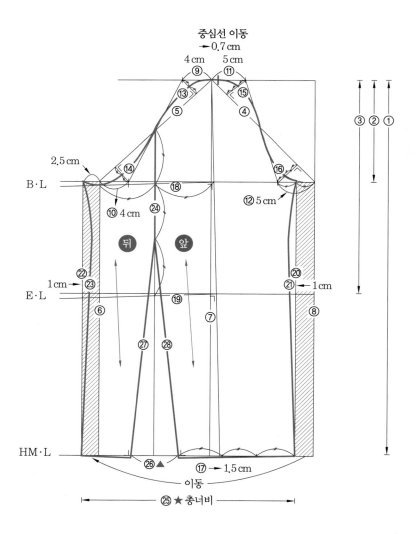

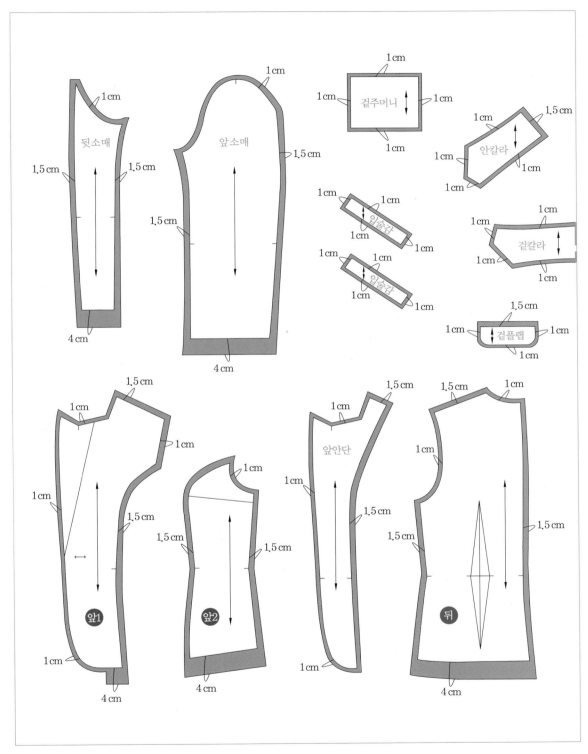

1cm
뒷소매
1cm
1.5cm    1.5cm
4cm

1cm
앞소매
1.5cm
1.5cm
4cm

1cm
겉주머니
1cm    1cm
1cm

1cm    1.5cm
1cm
안칼라
1cm    1cm
1cm

1cm    1cm
입술감
1cm    1cm

1cm    1cm
입술감
1cm    1cm

1cm    1cm
1cm
겉칼라
1cm
1cm

1.5cm
1cm    겉플랩    1cm
1cm

1.5cm
1cm
앞1
1cm
1.5cm
1cm
4cm

1cm
1.5cm
앞2
1.5cm
4cm

1cm
앞안단
1cm
1.5cm
1cm
4cm

1.5cm    1cm
1cm
뒤
1.5cm
1.5cm
4cm

※ 원단의 겉과 겉끼리 식서 방향으로 접어 놓은 상태이다.

## 6 패턴 배치도 및 시접(안감)

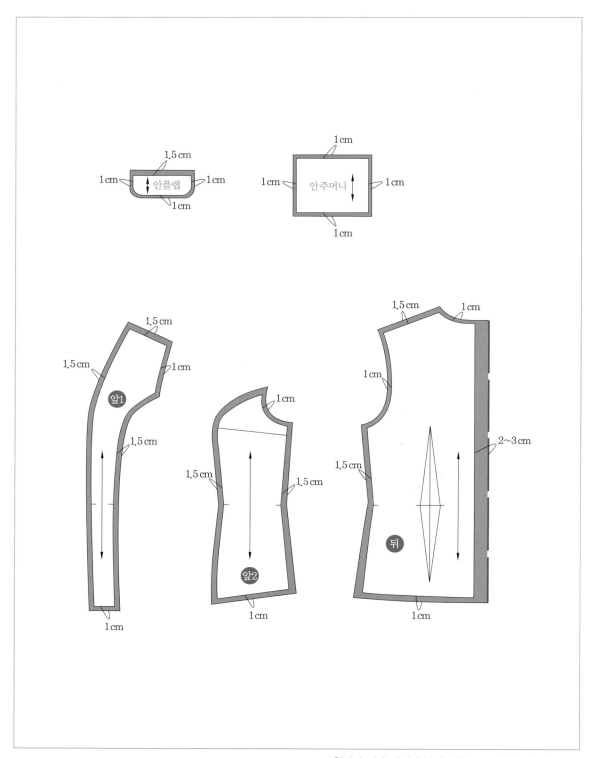

※ 원단의 겉과 겉끼리 식서 방향으로 접어 놓은 상태이다.

## 7 심지 및 테이핑 작업

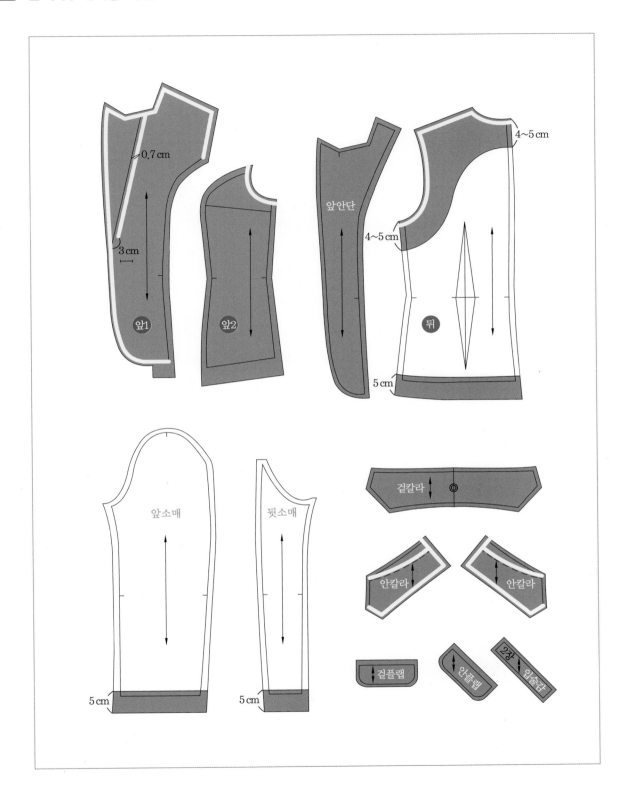

# 8 봉제 작업 순서도

## (1) 앞판 만들기

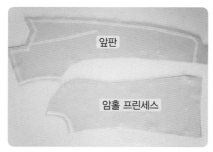

1 앞판과 암홀 프린세스를 겉과 겉끼리 놓고 박음
질한다.

소재에 따라 암홀 프린세스가 잘
다려지지 않으면 가윗집을 준다.

2 박아 놓은 앞판과 암홀 프린세스를 우마에 올
려놓고 가슴 라인을 살리면서 가름솔로 다림질
한다.
★ 약간 늘리면서 다림질로 정리한다.

### 주머니 만들기 준비물
플랩 : 겉감 2장, 심지 2장
　　　안감 2장, 심지 2장

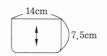

3 시접 자국이 나지 않도록 겉면에서 잘 다림질
한다.

입술감 : 겉감 4장, 심지 4장

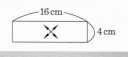

## (2) 주머니 만들기

1 입술 주머니를 만들 위치에 표시한다.
★ 몸판 겉면 모습

주머닛감 : 겉감 2장, 안감 2장

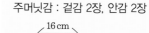

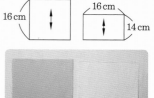

2 입술감을 몸판 겉면에 입술 겉감과 마주
보도록 놓는다.
★ 입술감은 심지를 붙인 상태이다.

**3** 입술주머니 시작점과 끝점은 되돌려박기를 튼튼히 하고 박음질한다.

**4** 입술감 사이 중앙선을 >───< 모양으로 자른다.

**5** 입술감 중앙 사이로 아랫입술감을 주머니 입구 안쪽으로 집어넣는다.

**6** 입술감을 넣은 몸판 안쪽 모습

**7** 몸판 안쪽의 잘라놓은 >───< 모양과 입술감의 시접을 갈라 다림질한다.

**8** 갈라서 다림질한 시접을 그대로 감싸 입술 모양을 만든다.

**9** 갈라서 다림질한다.
★ 갈라서 다림질해야 예쁘게 만들어진다.

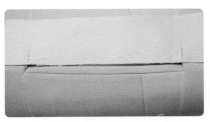

**10** 윗입술감도 5~8까지 동일한 방법으로 한다.

**11** 윗입술감과 아랫입술감을 잘 맞춰 다림질한다.

**12** 몸판 밖에서 본 입술 모습

**13** 겉감을 젖혀 놓고 주머니 끝 양쪽 삼각 부분을 입술감과 함께 고정 박음질한다.

**14** 심지를 붙인 겉감 플랩과 안감 플랩을 겉과 겉끼리 마주 보도록 하여 플랩 모양대로 박음질한다.

**15** 박음질한 플랩을 직선 0.5cm, 곡선 0.2~0.3cm 시접을 남기고 자른다.

**16** 모서리는 송곳으로 모양을 잡은 후 손으로 꽉 잡는다.

**17** 손으로 잡은 모서리를 다림질한다.

**18** 플랩을 뒤집어 다림질한다.

**19** 초크로 시접을 그린다.

**20** 입술 사이로 초크로 그린 시접만큼 플랩을 안쪽으로 끼운다.

**21** 입술과 플랩을 함께 상침질하여 고정한다.

**22** 상침질로 고정한 안쪽 모습

**23** 상침질로 고정한 그 위에 주머니 겉감을 올려놓는다.

**24** 9에서 갈라서 다림질한 시접과 주머니 겉감을 함께 박음질한다.

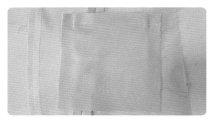

**25** 박음질한 주머니 겉감 모습

**26** 박음질한 주머니 겉감을 위로 올린다.

**27** 주머니 안감도 같은 방법으로 박음질한다.

**28** 7에서 갈라서 다림질한 시접과 주머니 안감을 함께 박음질한다.

**29** 윗입술감에는 주머니 겉감을, 아랫입술감에는 안감을 박음질한다.

**30** 주머니 겉감을 아래로 내린다.

**31** 삼각 부분에서 시작하여 박음질한다.

**32** 재킷 겉감을 들고 안쪽에서 주머니 모양대로 박음질한다.

## (3) 뒤판 만들기

**1** 뒤판 다트를 박음질한다.

다트 끝부분은 실로 매듭을 지어 풀리지 않도록 세 번 묶어 준다.

**2** 박아 놓은 다트를 우마 위에 올려놓고 뒤판 중심 쪽을 바라보도록 다림질한다.

### 암홀 테이프 붙이기

**주의 사항** 다리미를 밀지 말고 스팀을 주면서 고르게 접착한다.

★ 암홀 부위에는 암홀 전용 심지 테이프를 부착하면 소매가 예쁘게 달린다. 22쪽 심지 참고

**3** 뒤중심선을 박음질한 후 가름솔로 다림질한다.

**4** 앞판, 뒤판의 겉과 겉끼리 옆선을 박음질한 후 가름솔로 다림질한다.

★ 재킷의 라인을 생각하면서 약간 늘리면서 다림질한다.

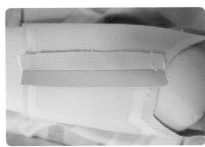

**5** 앞판, 뒤판의 어깨선을 박음질한 후 우마에 올려놓고 가름솔로 다림질한다.

우마

## (4) 소매 만들기

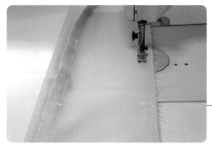

**1** 큰 소매와 작은 소매의 안솔기선을 박음질한다.

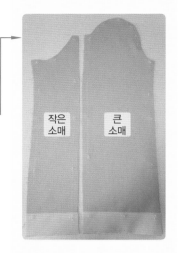

작은 소매 / 큰 소매

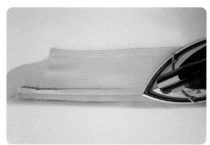

**2** 박음질한 후 가름솔로 다림질한다.

**3** 가름솔한 소매 시접을 접어박기한다.
　★ 소매에 안감이 달릴 경우에는 소매 시접을 접어
　　박기하지 않는다.

확대한 모습
★ 35쪽 접어박기 가름솔 참고

**4** 소매 밑단을 완성선에 맞추어 다림질한다.
　★ 폭 3.5cm 바이어스테이프를 준비한다.
　　소재에 따라 폭 사이즈는 달라진다.

**바이어스테이프 연결 방법**

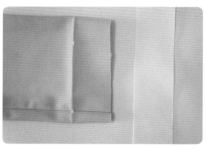

**5** 소매 끝에서 노루발 반 발 0.5cm 간격으로 박음
질한다.
　★ 소매 겉감 밑단에 바이어스테이프를 올려놓고
　　박음질한다.

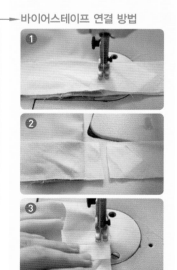

★ 34쪽 바이어스테이프 만들기
　36쪽 바이어스 가름솔 참고

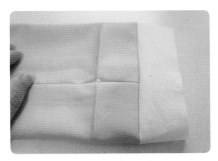

**6** 박음질한 후 바이어스테이프를 아래로 내린다.

**7** 바이어스테이프로 시접을 감싸 테이프 끝에서 0.1cm 떨어진 위치를 박음질한다.

**8** 소맷단을 접어 공그르기한다.

★ 26쪽 공그르기 참고

**9** 소매산에 이즈(ease)를 잡기 위해 중심 표시를 한다.

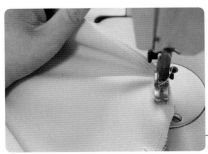

**10** 소매산 완성선에서 0.2~0.3cm 간격으로 나란히 두 줄로 박음질한다.
   ❶ 미싱의 땀수를 큰 땀수로 돌려놓고 박음질한다(실이 끊기지 않고 잘 당겨지도록 하기 위해서이다).
   ❷ 시작과 끝은 되돌려박기를 하지 않고 실을 길게 남겨 둔다(잡아당기기 위해서이다).

소매산

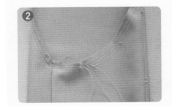

실을 길게 남겨 둔 모습

**11** 소매산 양쪽에서 두 올의 실을 잡아당겨 암홀 라인 치수에 맞게 오그려 준다.

**12** 오그린 소매산을 소매 전용 데스망에 올려놓고 스팀을 주면서 다림질한다.
★ 데스망 또는 우마 가장자리에 대고 스팀을 주면서 다림질한다.

데스망

우마

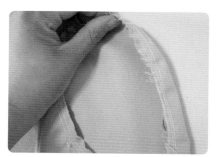

**13** 이즈를 잡아서 오그리고 다림질하여 완성한 소매산 모습

**14** 완성된 소매를 몸판과 함께 핀을 꽂아 움직이지 않도록 고정한다.
★ 소매 중심선을 맞추어 고정한다.

소매를 달기 어려운 경우 핀으로 고정한 소매를 시침질하여 고정한다.
★ 24쪽 시침질 참고

**15** 고정한 소매의 안쪽을 위로 놓고 겨드랑이 아래에서부터 시작하여 박음질한다.

**16** 소매와 몸판을 박음질한 모습

**17** 소매와 몸판을 박음질한 시접을 0.5cm 남기고
가위로 자른다.

**18** 시접이 일정하도록 잘 자른 모습

▶ **바이어스테이프 연결 방법**

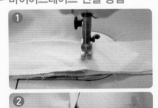

★ 34쪽 바이어스테이프 만들기
36쪽 바이어스 가름솔 참고

**19** 폭 3.5cm 바이어스테이프를 준비한다.
　★ 핀으로 꽂은 부위가 박음질할 부위이다.
　　테이프의 폭 사이즈는 소재에 따라 달라진다.

**20** 소매 안쪽에 바이어스테이프를 올려놓고 노루
발 반 발 0.5cm 간격으로 박음질한다.

**21** 바이어스테이프로 시접을 감싸 아래는 접어 주고 테이프 끝에서 0.1cm 위치에서 박음질한다.

**22** 진동둘레에 바이어스테이프를 한 모습

## (5) 안감 만들기

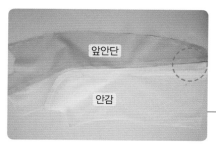

앞안단

안감

**1** 앞안단과 안감을 겉과 겉끼리 박음질한다.
★ 앞안단 시접은 옆선 쪽으로 다림질한다.
  암홀 프린세스는 앞안단 쪽으로 다림질한다.

→ 이때 앞안단은 밑단에서 3cm 남기고 박음질한다.

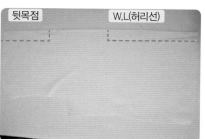

뒷목점    W.L(허리선)

**2** 뒷목점에서 8cm 내린 위치까지 직선으로 박음질한다. 허리선에서 5cm 올린 지점부터 직선으로 뒤중심선을 박음질한다.
★ 등 부위에 활동 여유분을 주기 위해서이다.

**3** 뒤중심 시접은 왼쪽으로 다림질한다.

→ 입었을 때 뒤중심 시접은 오른쪽으로 가야 한다.

**4** 앞판과 뒤판을 겉과 겉끼리 놓고 옆선을 박음질한다.

**5** 옆선은 뒤판 쪽으로 다림질한다.

**6** 앞판, 뒤판 어깨를 박음질한 후 우마에 올려놓고 시접을 뒤쪽으로 다림질한다.

우마

## (6) 겉감, 안감 연결하기

**1** 완성된 겉감과 안감을 겉과 겉끼리 맞추어 놓는다.

**2** 칼라가 달린 끝점부터 안단의 밑단까지 박음질한다.

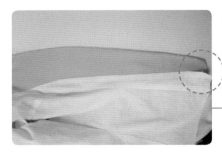

3 박음질한 후 뒤집는다.

뒤집기 전에 송곳으로 밑단을 둥근 모양으로 만들고 손으로 눌러 다림질한다.

★ 다림질한 후 뒤집어야 모양이 예쁘게 나온다.

## (7) 칼라 만들기

1 겉칼라와 안칼라의 겉과 겉끼리 마주 대고 완성선에 맞추어 박음질한다.

★ 안칼라 쪽에서 박음질한다.

칼라에 접착 심지와
식서테이프를 부착한 모습

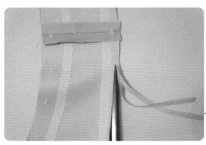

2 시접을 0.5cm 남기고 가위로 자른다.

깔끔하게 정리된 칼라

3 깔끔하게 정리된 시접을 안칼라 쪽으로 스팀을 주면서 다림질한다.

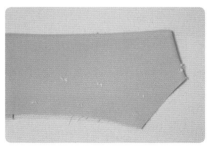

4 다림질한 후 뒤집은 모습

## (8) 칼라를 몸판에 달기

1 겉칼라는 안감에, 안칼라는 겉감에 맞춰 핀으로 고정한 후 각각 박음질한다.

칼라를 달기 어려운 경우 핀으로 고정한 칼라를 시침질하여 고정한다.
★ 24쪽 시침질 참고

2 칼라 시접이 잘 꺾이도록 하기 위해 시접에 가윗집을 준 후 가름솔로 다림질한다.

3 가름솔로 다림질한 시접을 몸판과 안감이 마주 보도록 놓고 핀으로 고정한다.

4 재봉실로 고정한다.
★ 겉칼라와 안칼라가 서로 분리되는 것을 방지하기 위해 시침질한다.

재봉실

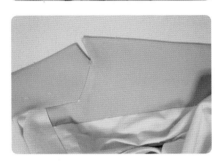

5 칼라를 단 모습

## (9) 몸판과 안감 밑단 정리하기

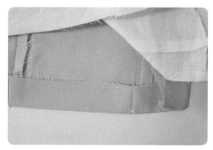

**1** 겉감 밑단을 완성선에 맞추어 다림질한다.

**2** 겉감 밑단에 바이어스테이프를 올려놓고 노루발 반 발 0.5cm 간격으로 박음질한다.
  ★ 폭 3.5cm 바이어스테이프를 준비한다.
    소재에 따라 폭 사이즈는 달라진다.

### ▶ 바이어스테이프 연결 방법

★ 34쪽 바이어스테이프 만들기
  36쪽 파이핑 가름솔 참고

**3** 바이어스테이프로 시접을 감싸 테이프 끝에서 0.1cm 떨어진 위치를 박음질한다.

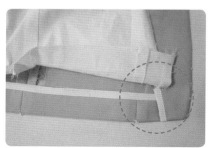

**4** 안단도 바이어스테이프로 처리한다.

**5** 안감은 겉감 완성선에서 1~1.5cm 올라간 선에 맞추어 말아박기 박음질한다.

### ▶ 말아박기 순서

❶ 완성선을 다림질한다.

❷ 다림질한 선의 절반을 접어 박음질한다.

**6** 앞안단 밑단에서 3cm 안 박힌 부분도 박음질한다. 박음질한 후 안단을 감침질한다.

★ 25쪽 감침질 참고

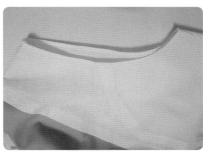

**7** 소매 안감을 말아박기 박음질한다.

박음질한 후 확대한 모습

**8** 소매 겉감과 안감을 실루프로 연결하여 고정한다.
　★ 실루프의 길이 : 약 2cm

★ 27쪽 실루프 참고

**9** 밑단을 접어 공그르기한 후 겉감과 안감을 실루프로 연결하여 고정한다.
　★ 실루프의 길이 : 약 3~4cm

★ 26쪽 공그르기
　27쪽 실루프 참고

(10) 입술 단춧구멍을 만들고 단추 달기

★ 33쪽 입술 단춧구멍 참고

# 9 완성 작품

# 2 스탠드 칼라 랜턴 소매 재킷 만들기

| 작 업 지 시 서 | 결재 | 디자이너 | 팀 장 | 실 장 | 대 표 |
|---|---|---|---|---|---|
| | | | | | |

| ITEM : 스탠드 칼라 랜턴 소매 재킷 | 작성일자 : 20    년    월    일 |
|---|---|

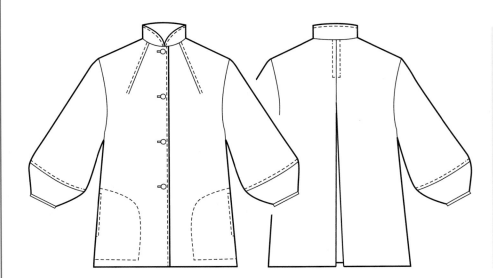

**적용 치수**

가슴둘레 : 86cm
허리둘레 : 68cm
엉덩이둘레 : 92cm
엉덩이길이 : 18cm
등길이 : 38cm
앞길이 : 40.5cm
등품 : 35cm
앞품 : 33cm
어깨너비 : 38cm
유장 : 24cm
소매길이 : 44cm
재킷길이 : 59cm

| 봉재 시 유의사항 | 원·부자재 소요량 | | | |
|---|---|---|---|---|
| | 자재명 | 규격 | 단위 | 소요량 |
| • 겉감, 안감 식서 방향에 주의하시오. | 겉감 | 110cm | cm | 210 |
| • 심지는 밀리지 않도록 다림질에 유의하시오. | 안감 | 110cm | cm | 210 |
| • 뒤판 맞주름 분량은 10cm로 하시오. | 심지 | 110cm | cm | 100 |
| • 장식 스티치는 전체 0.5cm로 하시오. | 재봉실 | 60s/3합 | com | 1 |
| • 칼라는 스탠드 칼라로 앞 중심까지 다시오. | | | | |
| • 안감 밑단은 접어박기하시오. | 다대 테이프 | 10mm | cm | 150 |
| • 소매진동 시접 처리는 바이어스 처리하시오. | | | | |
| • 랜턴 소매길이는 10cm, 소맷부리는 바이어스 처리하시오. | 단추 | 20mm | EA | 4 |
| • size 절대 준수 | | | | |

# 1 패턴 설계 뒤판 확대도

| 적용 치수 | ① 재킷길이 : 59cm | ③ 진동 깊이 : $\dfrac{\text{가슴둘레}}{4}$ + 1cm |
| --- | --- | --- |
| | ② 등길이 : 38cm | ④ 엉덩이길이 : 18cm |

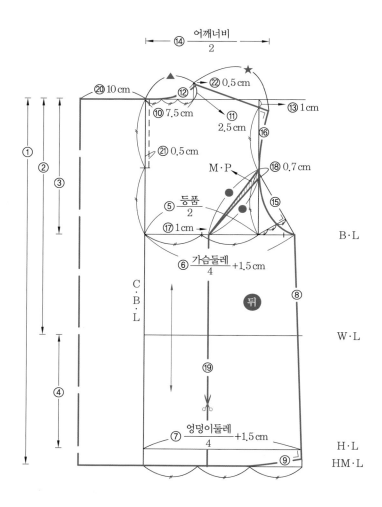

# ② 패턴 설계 앞판 확대도

적용 치수

① 재킷길이 : 59cm + 2.5cm
② 앞길이 : 40.5cm
③ 진동 깊이 : $\frac{가슴둘레}{4}$ + 1cm
④ 엉덩이길이 : 18cm

⑬ 뒤어깨선 치수를 재어 앞어깨선을 그린다.
⑰ 유폭 : 18cm, $\frac{유폭}{2}$ : 9cm
⑱ 앞길이 − 등길이
⑳ 여밈분

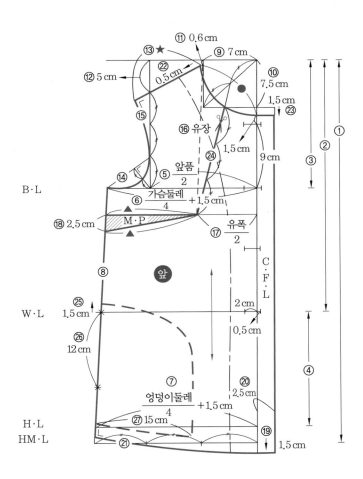

## 3  칼라 설계도

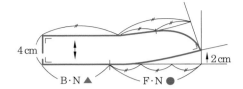

## 4  랜턴 소매 설계도

| 적용 치수 | ① 소매길이 : 44cm | ④ 앞진동둘레 (표준 22cm) − 0.5cm |
|---|---|---|
| | ② 소매산 ($\frac{앞진동둘레 + 뒤진동둘레}{3}$) : 15cm | ⑤ 뒤진동둘레 (표준 23cm) − 0.5cm |
| | ③ 팔꿈치길이 : 31.5cm | * 소매밑단너비 : 24cm(치수 55 기준) |

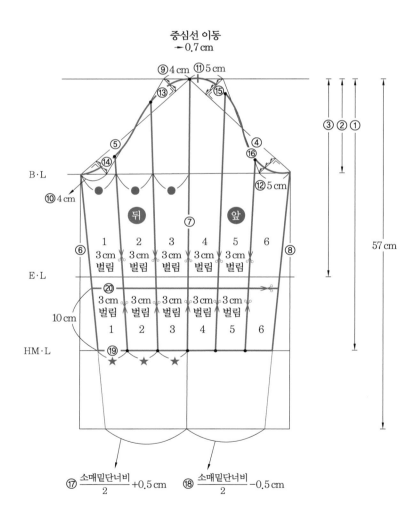

| 적용 치수 | ① 위아래 소매를 6등분 하여 종이 위에 올려놓고<br>　각각 3cm씩 벌린다.<br>② 풀로 고정한다. | ③ 곡자를 사용하여 자연스럽게 선을 그린다.<br>④ Ⓐ와 Ⓑ의 길이가 동일해야 한다. |
|---|---|---|

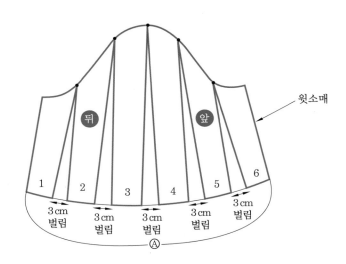

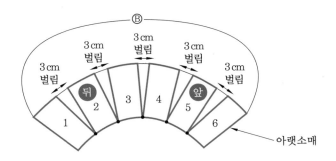

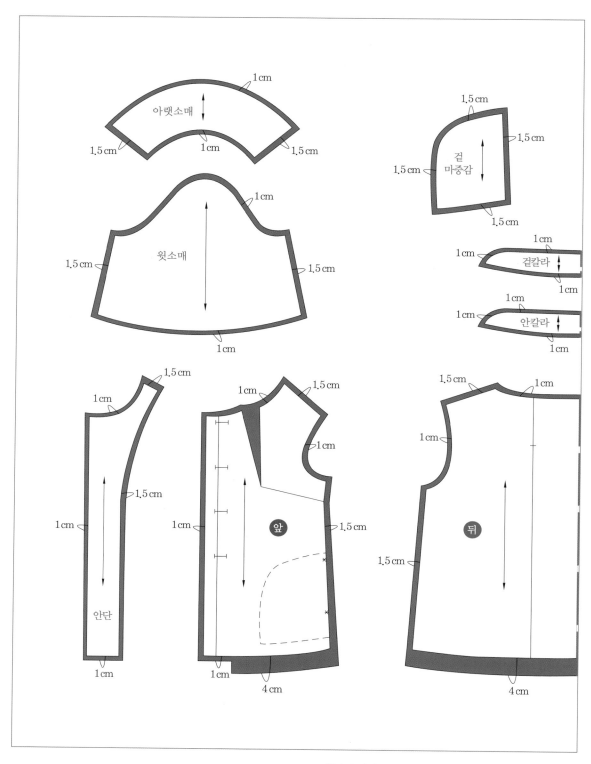

아랫소매
1 cm
1.5 cm
1 cm
1.5 cm

겉마중감
1.5 cm
1.5 cm
1.5 cm
1.5 cm

윗소매
1 cm
1.5 cm
1.5 cm
1 cm

겉칼라
1 cm
1 cm
1 cm

안칼라
1 cm
1 cm
1 cm

안단
1.5 cm
1 cm
1.5 cm
1 cm
1 cm

앞
1 cm
1.5 cm
1 cm
1 cm
1.5 cm
1 cm
4 cm

뒤
1.5 cm
1 cm
1 cm
1.5 cm
4 cm

※ 원단의 겉과 겉끼리 식서 방향으로 접어 놓은 상태이다.

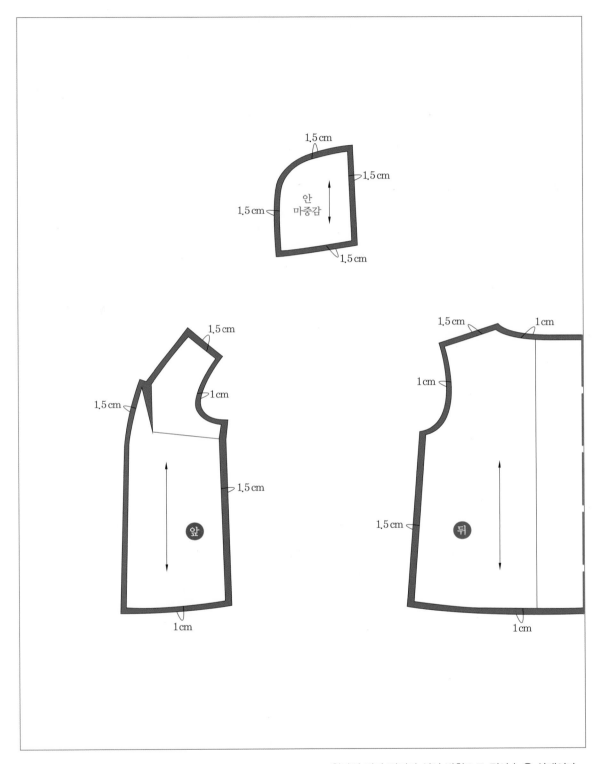

1.5 cm

1.5 cm

안
마중감

1.5 cm

1.5 cm

1.5 cm

1.5 cm

1 cm

1.5 cm

1 cm

1.5 cm

1.5 cm

앞

1.5 cm

뒤

1 cm

1 cm

※ 원단의 겉과 겉끼리 식서 방향으로 접어 놓은 상태이다.

# 9 봉제 작업

## (1) 앞판 만들기

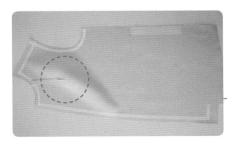

**1** 앞판의 다트를 박음질한 후 시접을 옆선 쪽으로 다림질한다.

다트 끝부분은 실로 매듭을 지어 풀리지 않도록 세 번 묶어 준다.

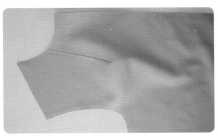

**2** 앞판 겉면에서 아웃 스티치를 한다.
  ★ 장식 스티치는 전체 0.5cm로 박음질한다.

## (2) 뒤판 만들기

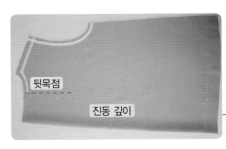

뒷목점
진동 깊이

**1** 뒷목점에서 진동 깊이까지 길이가 2등분되는 지점까지 박음질한다.

뒤중심선을 확대한 모습

**암홀 테이프 붙이기**

**2** 맞주름 분량은 10cm로 잘 정리하여 다림질한다.

주의
사항 다리미를 밀지 말고 스팀을 주면서 고르게 접착한다.

★ 암홀 부위에는 암홀 전용 심지 테이프를 부착하면 소매가 예쁘게 달린다. 22쪽 심지 참고

**3** 뒤판 겉면에서 아웃 스티치를 한다.
  ★ 장식 스티치는 전체 0.5cm로 박음질한다.

확대한 모습

되돌려박기를 튼튼히 해 준다.

주머니 입구

**4** 앞판, 뒤판의 겉과 겉끼리 옆선을 박음질한다.
 ★ 앞판 주머니 입구에 심지를 붙인다.
  주머니 입구는 큰 땀수로 박음질한다.

앞판, 뒤판을 겉과 겉끼리 마주
보게 한다.

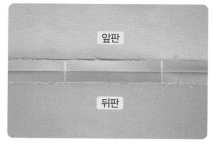

앞판

뒤판

**5** 박음질한 후 가름솔로 다림질하고 옆선에 주머니
 위치를 표시한다.

## (3) 앞판 옆선 주머니 만들기

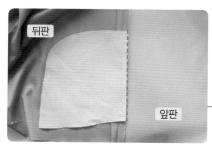

뒤판

앞판

**1** 주머니 안감을 앞판 주머니 위치에 올려놓고 핀
 으로 고정한 후 박음질한다.

겉          안

왼쪽 : 주머니 겉감 1장
오른쪽 : 주머니 안감 1장
 ★ 한쪽 기준이다.

앞판

뒤판

**2** 주머니 안감을 박음질한 후 앞판, 뒤판을 겹쳐
 놓고 시접에 주머니 안감을 다시 한 번 0.2cm
 로 박음질한다.

확대한 모습

뒤판

앞판

**3** 앞판 겉면에서 아웃 스티치를 한다.
 ★ 장식 스티치는 전체 0.5cm로 박음질한다.

**4** 뒤판 시접에 주머니 겉감을 주머니 안감에 맞추어 올려놓는다.

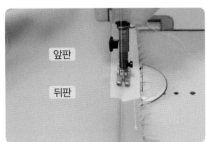

**5** 앞판, 뒤판을 겹쳐 놓고 시접에 주머니 겉감을 박음질한다.

**6** 주머니 겉감과 주머니 안감을 겉면에서 주머니 모양에 따라 함께 박음질한다.

주머니 입구의 모습
★ 주머니 입구는 조심해서 뜯는다.

**7** 앞판, 뒤판의 어깨선을 박음질한 후 우마에 올려놓고 가름솔로 다림질한다.

우마

## (4) 소매 만들기

**1** 윗소매, 아랫소매의 겉과 겉끼리 박음질한 후 시접을 위로 올려놓고 다림질한다.

윗소매

아랫소매

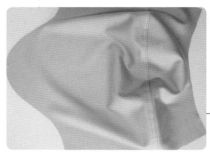

2 시접을 위로 올려놓은 상태에서 겉면에 장식 스
티치 0.5cm로 박음질한다.

확대한 모습

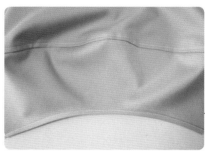

3 소매 밑단을 바이어스로 싸서 박음질한다.

★ 34쪽 바이어스테이프 만들기
36쪽 바이어스 가름솔 참고

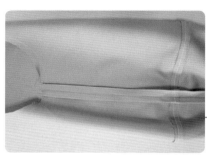

4 소매 옆선을 박음질한다. 가름솔로 다림질한 후
시접을 접어박기한다.

★ 35쪽 접어박기 가름솔 참고

5 소매산 완성선에서 0.2~0.3cm 간격으로 나란
히 두 줄로 박음질한다.
　★ 미싱의 땀수를 큰 땀수로 돌려놓고 박음질한다(실
　　이 끊기지 않고 잘 당겨지도록 하기 위해서이다).
　★ 시작과 끝은 되돌려박기를 하지 않고 실을 길게
　　남겨 둔다(잡아당기기 위해서이다).

6 소매산 양쪽에서 두 올의 실을 잡아당겨 암홀 라
인 치수에 맞게 오그려 준다.

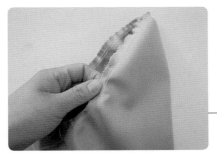

**7** 오그린 소매산을 소매 전용 데스망에 올려놓고 스팀을 주면서 다림질한다.

★ 데스망 또는 우마 가장자리에 대고 스팀을 주면서 다림질한다.

**8** 완성된 소매를 몸판과 함께 핀을 꽂아 움직이지 않도록 고정한다.

★ 소매 중심선을 맞추어 고정한다.

소매를 달기 어려운 경우 핀으로 고정한 소매를 시침질하여 고정한다.

★ 24쪽 시침질 참고

**9** 소매와 몸판을 박음질한 후 0.5cm를 남기고 가위로 자른다.

**10** 폭 3.5cm 바이어스테이프를 준비한다.

★ 핀으로 꽂은 부위가 박음질할 부위이다. 소재에 따라 폭 사이즈는 달라진다.

바이어스테이프 연결 방법

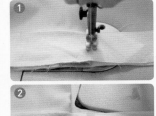

**11** 소매 안쪽에 바이어스테이프를 올려놓고 노루발 반 발 0.5cm 간격으로 박음질한다.

★ 34쪽 바이어스테이프 만들기
　36쪽 바이어스 가름솔 참고

**12** 바이어스테이프로 시접을 감싸 아래는 접어 주고 테이프 끝에서 0.1cm 떨어진 위치에 박음질한다.

**13** 진동둘레에 바이어스테이프를 한 모습

## (5) 안감 만들기

**1** 앞안단과 안감을 겉과 겉끼리 박음질한다.
★ 앞안단 시접은 옆선 쪽으로, 암홀 프린세스는 앞안단 쪽으로 다림질한다.

→ 이때 앞안단은 밑단에서 3cm 남기고 박음질한다.

앞안단

안감

**2** 겉감과 같은 방법으로 맞주름 분량은 10cm로 잘 정리하여 다림질한다.

**3** 앞판, 뒤판을 겉과 겉끼리 놓고 옆선과 어깨를 박음질한 후 시접을 뒤판 쪽으로 다림질한다.
★ 우마에 올려놓고 다림질한다.

우마

## (6) 겉감, 안감 연결하기

**1** 완성된 겉감과 안감을 겉과 겉끼리 맞추어 놓는다.

**2** 박음질한 후 시접을 꺾어 다림질한다.
　★ 다림질한 후 뒤집어야 모양이 예쁘게 나온다.

**3** 다림질한 후 뒤집는다.

## (7) 칼라 만들기

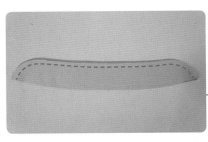

**1** 겉칼라와 안칼라의 겉과 겉끼리 마주 대고 완성선에 맞추어 박음질한다.

칼라에 접착 심지와
식서테이프를 부착한 모습

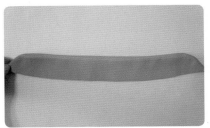

**2** 박음질한 후 뒤집는다.

## (8) 칼라 몸판에 달기

안감

안칼라

겉칼라

겉감

**1** 겉칼라는 겉감에, 안칼라는 안감에 맞춰 핀으로 고정한 후 각각 박음질한다.

**2** 가름솔로 다림질한다.

**3** 가름솔로 다림질한 시접을 몸판과 안감을 마주 보도록 놓고 후 재봉실로 고정한다.
  ★ 겉칼라와 안칼라가 서로 분리되는 것을 방지하기 위해 시침질한다.

재봉실

## (9) 몸판과 안감 밑단 정리하기

**1** 겉감 밑단을 완성선에 맞추어 다림질한다.

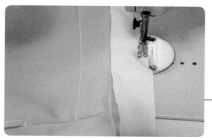

**2** 소매 겉감 밑단에 바이어스테이프를 올려놓고 노루발 반 발 0.5cm 간격으로 박음질한다.
  ★ 폭 3.5cm 바이어스테이프를 준비한다. 소재에 따라 폭 사이즈는 달라진다.

**바이어스테이프 연결 방법**

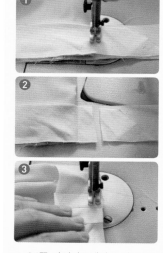

★ 34쪽 바이어스테이프 만들기 36쪽 바이어스 가름솔 참고

**3** 바이어스테이프로 시접을 감싸 테이프 끝에서 0.1cm 떨어진 위치를 박음질한다.

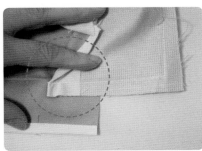

**4** 안단도 바이어스테이프로 처리한다.

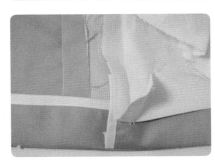

**5** 안감은 겉감 완성선에서 1~1.5cm 올라간 선에 맞추어 다림질한다.

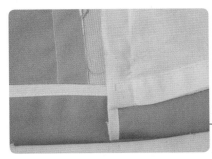

**6** 올라간 선에 맞추어 안감을 말아박기 박음질한다.

→ **말아박기 순서**
**❶** 완성선을 다림질한다.
**❷** 다림질한 선의 절반을 접어 박음질한다.

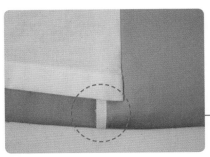

**7** 앞안단 밑단에서 3cm 안 박힌 부분도 박음질한다. 박음질한 후 안단을 감침질한다.

→ ★ 25쪽 감침질 참고

**8** 소매 안감을 말아박기 박음질한다.

**9** 소매 겉감과 안감을 실루프로 연결하여 고정한다.
　★ 실루프의 길이 : 약 2cm

★ 27쪽 실루프 참고

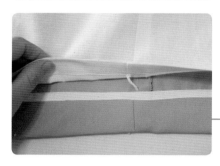

**10** 밑단을 접어 공그르기한 후 겉감과 안감을 실루
　　프로 연결하여 고정한다.
　★ 실루프의 길이 : 약 3~4cm

★ 26쪽 공그르기
27쪽 실루프 참고

**11** 전체 장식 스티치 0.5cm로 박음질한다.

★ 33쪽 입술 단춧구멍 참고

(10) 단춧구멍 만들기

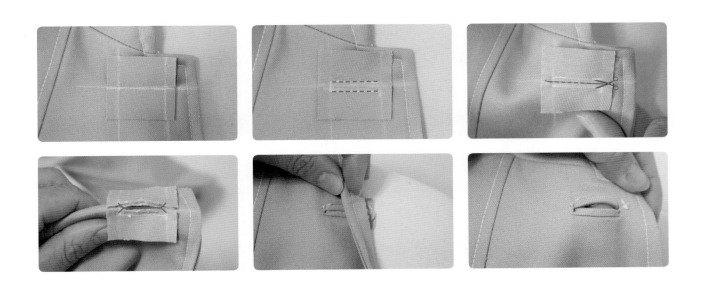

**11** 완성 작품

# 3 솔 칼라 재킷 만들기

| 작 업 지 시 서 | 결재 | 디자이너 | 팀 장 | 실 장 | 대 표 |
|---|---|---|---|---|---|
| | | | | | |

ITEM : 솔 칼라 재킷 　　　　　　　　　　　　作성일자 : 20 　년 　월 　일

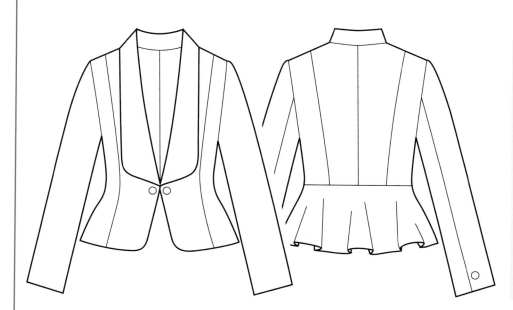

**적용 치수**

가슴둘레 : 86cm
허리둘레 : 68cm
엉덩이둘레 : 92cm
엉덩이길이 : 18cm
등길이 : 38cm
앞길이 : 40.5cm
등품 : 35cm
앞품 : 33cm
어깨너비 : 38cm
유장 : 24cm
소매길이 : 57cm
소매밑단너비 : 24cm
재킷길이 : 55cm

| 봉재 시 유의사항 |
|---|
| • 겉감, 안감 식서 방향에 주의하시오. |
| • 심지는 밀리지 않도록 다림질에 유의하시오. |
| • 칼라는 솔 칼라로 하고 앞 여밈분 없이 제작하시오. |
| • 소매는 두 장 소매로 트임 없이 하시오. |
| • 소맷부리는 바이어스로 처리하여 공그르기하시오. |
| • 앞여밈에는 걸고리를 하고 장식 단추를 좌우에 다시오. |
| • size 절대 준수 |

| 원·부자재 소요량 | | | |
|---|---|---|---|
| 자재명 | 규격 | 단위 | 소요량 |
| 겉감 | 110cm | cm | 210 |
| 안감 | 110cm | cm | 210 |
| 심지 | 110cm | cm | 100 |
| 재봉실 | 60s/3합 | com | 1 |
| 다대 테이프 | 10mm | cm | 150 |
| 단추 | 20mm | EA | 2 |
| 단추 | 12mm | EA | 2 |
| 걸고리 | | 쌍 | 1 |

# 1 패턴 설계 뒤판 확대도

| 적용 치수 | ① 재킷길이 : 55cm | ③ 진동 깊이 : $\dfrac{\text{가슴둘레}}{4}$ + 1cm |
|---|---|---|
| | ② 등길이 : 38cm | ④ 엉덩이길이 : 18cm |

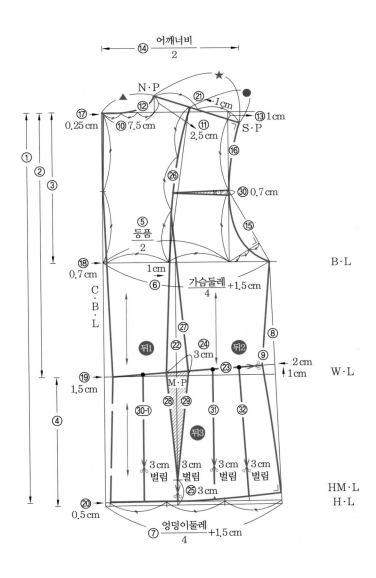

## 2 패턴 설계 앞판 확대도

**적용 치수**

① 재킷길이 : 55cm + 2.5cm

② 앞길이 : 40.5cm

③ 진동 깊이 : $\dfrac{\text{가슴둘레}}{4}$ + 1cm

④ 엉덩이길이 : 18cm

⑭ 뒤어깨선 치수를 재어 앞어깨선을 그린다.

⑱ 유폭 : 18cm, $\dfrac{\text{유폭}}{2}$ : 9cm

⑲ 앞길이 – 등길이

㉛ 뒷목둘레

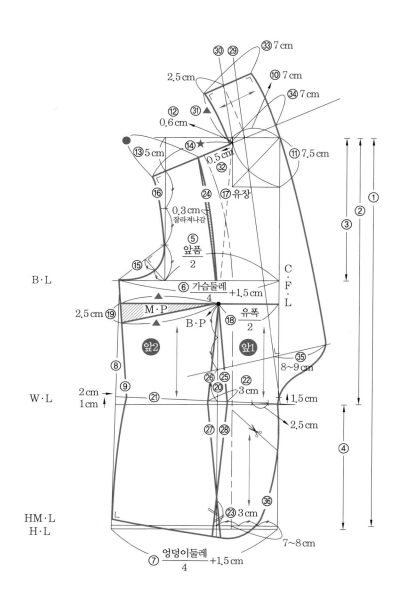

# 3  두 장 소매 설계도

① 소매길이 : 57cm

② 소매산 ( $\dfrac{앞진동둘레+뒤진동둘레}{3}$ ) : 15cm

③ 팔꿈치길이 ( $\dfrac{소매길이}{2}$ + 3cm ) : 31.5cm

④ 앞진동둘레 (표준 22cm) − 0.5cm

⑤ 뒤진동둘레 (표준 23cm) − 0.5cm

㉕ ★ 총너비 : 대략 31cm

㉖ 31cm (★ 총너비) − 24cm(소매밑단너비) : ▲ 7cm

＊ 소매밑단너비(소맷부리) : 24cm

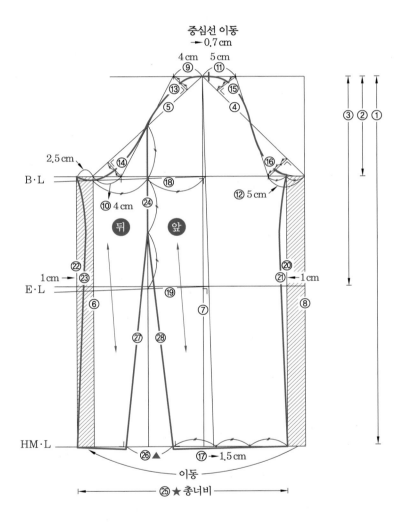

중심선 이동
→ 0.7 cm

4 cm    5 cm

2.5 cm

B·L

⑩ 4 cm    ⑫ 5 cm

뒤    앞

1 cm →    ←1 cm

E·L

HM·L    ㉖ ▲    ⑰ →1.5 cm

이동

㉕ ★총너비

**4** 패턴 배치도 및 시접(겉감)

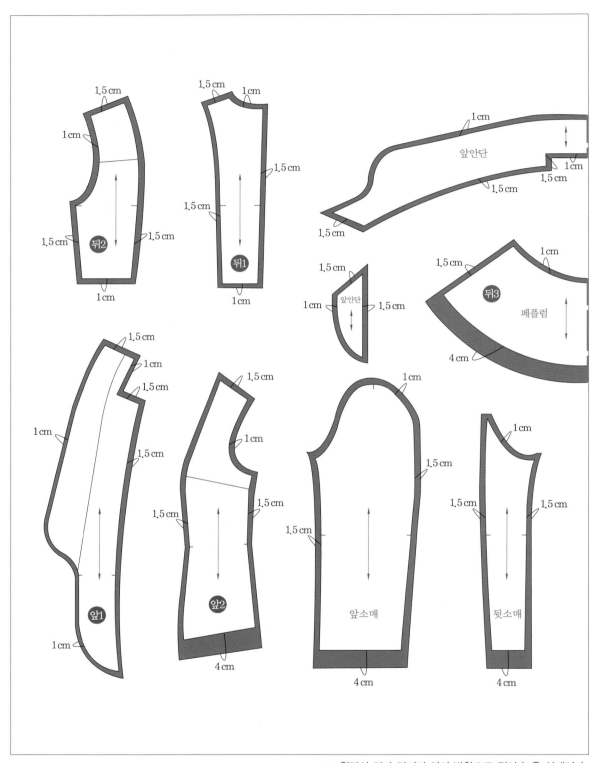

※ 원단의 겉과 겉끼리 식서 방향으로 접어 놓은 상태이다.

## 5 페플럼 전개도

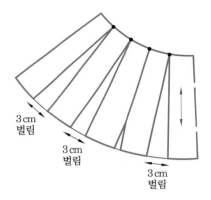

➊ 패턴을 종이 위에 올려놓고 각각 3cm씩 벌려 준다.
➋ 풀로 고정한다.
➌ 곡자를 사용하여 자연스럽게 선을 그린다.

3 cm
벌림

3 cm
벌림

3 cm
벌림

## 6 패턴 배치도 및 시접 (안감)

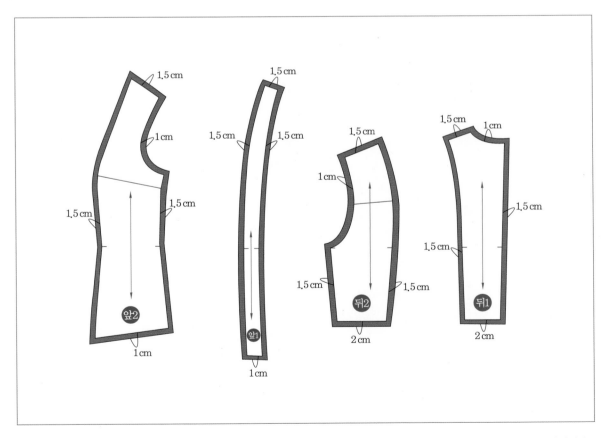

※ 원단의 겉과 겉끼리 식서 방향으로 접어 놓은 상태이다.

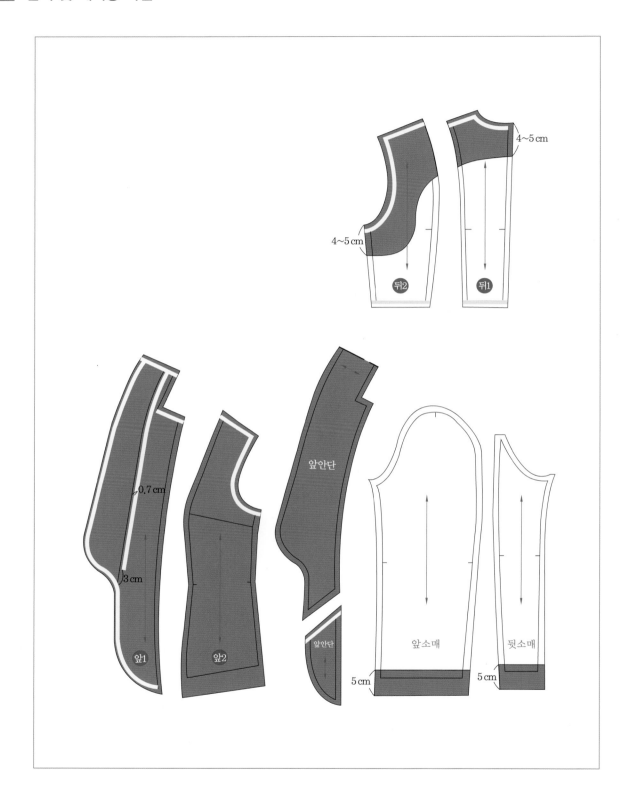

## 8 봉제 작업

### (1) 앞판 만들기

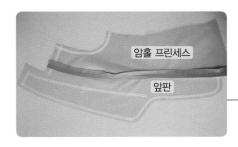

**1** 앞판과 암홀 프린세스를 박음질한 후 가름솔로 다림질한다.

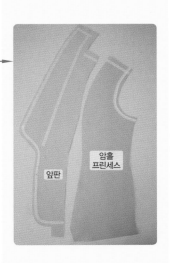

### (2) 뒤판 만들기

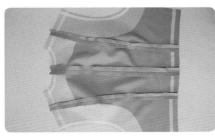

**1** 뒤중심선과 뒤옆판을 박음질한 후 가름솔로 다림질한다.

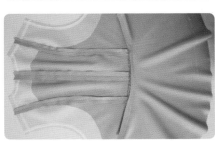

**2** 뒤몸판과 페플럼을 박음질한 후 시접을 위로 다림질한다.

뒤판

**3** 앞판, 뒤판의 겉과 겉끼리 옆선을 박음질한 후 가름솔로 다림질한다.
★ 재킷의 라인을 생각하면서 약간 늘리면서 다림질한다.

**암홀 테이프 붙이기**

**4** 칼라를 박음질한 후 가름솔로 다림질한다.

**주의 사항** 다리미를 밀지 말고 스팀을 주면서 고르게 접착한다.
★ 암홀 부위에는 암홀 전용 심지 테이프를 부착하면 소매가 예쁘게 달린다. 22쪽 심지 참고

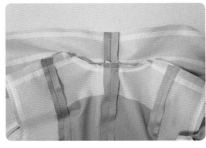

5 박음질되어 있는 칼라와 뒷목둘레를 핀으로 고정한 후 박음질한다.

→ 핀으로 고정하여 박음질하기가 어려운 경우 시침질하여 고정한 후 박음질한다.
★ 24쪽 시침질 참고

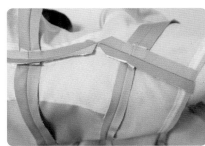

6 우마에 올려놓고 가름솔로 다림질한다.

우마

## (3) 소매 만들기

1 큰 소매와 작은 소매의 안솔기선을 박음질한 후 가름솔로 다림질한다.

작은 소매 / 큰 소매

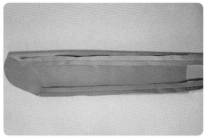

2 큰 소매와 작은 소매의 옆선을 박음질한 후 가름솔로 다림질한다.

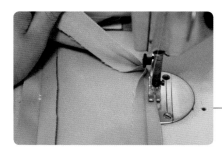

3 가름솔한 소매 시접을 접어박기한다.
★ 소매에 안감이 달릴 경우에는 소매 시접을 접어박기하지 않는다.

확대한 모습
★ 35쪽 접어박기 가름솔 참고

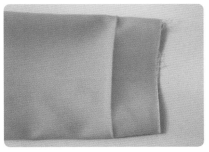

**4** 소매 밑단을 완성선에 맞추어 다림질한다.

바이어스테이프 연결 방법

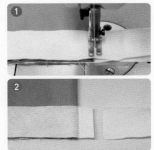

**5** 소매 겉감 밑단에 바이어스테이프를 올려놓고 노루발 반 발 0.5cm 간격으로 박음질한다.
　★ 폭 3.5cm 바이어스테이프를 준비한다.
　　소재에 따라 폭 사이즈는 달라진다.

★ 34쪽 바이어스테이프 만들기
　 36쪽 바이어스 가름솔 참고

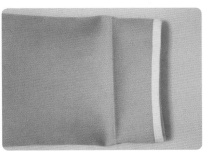

**6** 바이어스테이프로 시접을 감싸 테이프 끝에서 0.1cm 떨어진 위치를 박음질한다.

소매산 만드는 방법

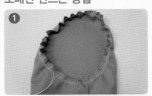

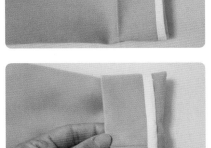

**7** 소맷단을 접어 공그르기한다.

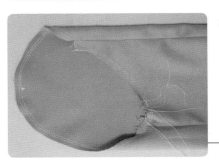

**8** 소매산 완성선에서 0.2~0.3cm 간격으로 나란히 두 줄로 박음질한다.
　★ 미싱의 땀수를 큰 땀수로 돌려놓고 박음질한다 (실이 끊기지 않고 잘 당겨지도록 하기 위해서이다).
　★ 시작과 끝은 되돌려박기를 하지 않고 실을 길게 남겨 둔다(잡아당기기 위해서이다).

❶ 소매산 양쪽에서 두 올의 실을 잡아 당겨 암홀 라인 치수에 맞게 오그려 준다.
❷ 오그린 소매산을 소매 전용 데스망에 올려놓고 스팀을 주면서 다림질한다.
　★ 데스망 또는 우마 가장자리에 대고 스팀을 주면서 다림질한다.

**9** 완성된 소매를 몸판과 함께 핀을 꽂아 움직이지 않도록 고정한다.

➤ 소매를 달기 어려운 경우 핀으로 고정한 소매를 시침질하여 고정한다.

★ 24쪽 시침질 참고

**10** 소매와 몸판을 박음질한 후 0.5cm를 남기고 가위로 자른다.

**바이어스테이프 연결 방법**

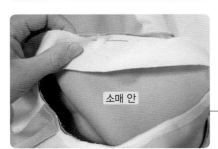

**11** 소매 안쪽에 바이어스테이프를 올려놓고 노루발 반 발 0.5cm 간격으로 박음질한다.
★ 핀으로 꽂은 부위가 박음질하는 부위이다.

소매 안

★ 34쪽 바이어스테이프 만들기
36쪽 바이어스 가름솔 참고

**12** 바이어스테이프로 시접을 감싸 아래는 접어 주고 테이프 끝에서 0.1cm 떨어진 위치에 박음질한다.

## (4) 안감 만들기

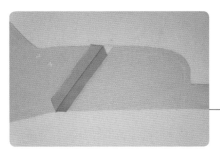

**1** 앞안단을 박음질한 후 가름솔로 다림질한다.
★ 안단은 골로 되어 있다.

앞안단

**2** 앞안단과 안감을 겉과 겉끼리 박음질한다.
★ 앞안단 시접은 옆선 쪽으로 다림질한다.

**3** 뒤중심을 박음질한 후 시접은 왼쪽으로 다림질 한다. 프린세스 라인은 박음질한 후 뒤중심 쪽으 로 다림질한다. ──→ 입었을 때 뒤중심 시접은 오른쪽 으로 가야 하며, 허리선은 말아 박기 박음질한다.

칼라

안감 뒤판

**4** 골로 만들어진 칼라와 뒷목둘레를 박음질한다.

## (5) 겉감, 안감 연결하기

**1** 완성된 겉감과 안감을 겉과 겉끼리 맞추어 박음 질한다.

**2** 뒤집기 전에 송곳으로 밑단 모양을 둥글게 만들 고 손으로 눌러 다림질한다.
★ 다림질한 후 뒤집어야 모양이 예쁘게 나온다.

송곳

## (6) 몸판과 안감 밑단 정리하기

**1** 겉감 밑단을 완성선에 맞추어 다림질한다.

**밑단 바이어스테이프 연결 방법**

**2** 실을 잡아당겨 밑단을 편안하게 정리한다.
  ★ 미싱의 땀수를 큰 땀수로 돌려놓고 박음질한다(실
    이 끊기지 않고 잘 당겨지도록 하기 위해서이다).
  ★ 시작과 끝은 되돌려박기를 하지 않고 실은 길게
    남겨 둔다(잡아당기기 위해서이다).

**3** 가름솔로 다림질한 후 뒷목둘레를 몸판과 안감
을 마주 보도록 놓고 핀으로 고정한다.

안감

겉감

❶ 겉감 밑단에 바이어스테이
  프를 올려놓고 노루발 반 발
  0.5cm 간격으로 박음질한다.
❷ 바이어스테이프로 시접을 감
  싸 테이프 끝에서 0.1cm 떨어
  진 위치를 박음질한다.
❸ 안단도 바이어스테이프 처리
  한다.

**4** 재봉실로 고정한다.
  ★ 겉칼라와 안칼라가 서로 분리되는 것을 방지하
    기 위해 시침질한다.

재봉실

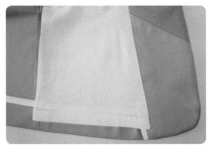

**5** 안감은 겉감 완성선에서 1~1.5cm 올라간 선에
  맞추어 다림질한 후 말아박기 박음질한다. 밑단
  은 접어 공그르기한다.
  ★ 26쪽 공그르기 참고

6 소매 안감을 말아박기 박음질한다.

7 소매 겉감과 안감을 실루프로 연결하여 고정한다.　→ ★ 27쪽 실루프 참고
　　★ 실루프의 길이 : 약 2cm

안감
말아박기

8 페플럼에는 안감을 만들지 않은 상태이다.　→ 페플럼에 안감을 넣으라고 제시
　　★ 겉감을 참고하여 만든다.　　　　　　　된 경우는 안감을 넣는다.

→ ★ 29쪽 구멍이 있는 단추 달기
　참고

(7) 장식 단추를 달고 걸고리 달기

tip　　**말아박기 순서**

❶ 완성선을 다림질한다.

❷ 다림질한 선의 절반을 접어 박음질한다.

# 4 하이 네크라인 재킷 만들기

| 작 업 지 시 서 | 결재 | 디자이너 | 팀 장 | 실 장 | 대 표 |
|---|---|---|---|---|---|
| | | | | | |

ITEM : 하이 네크라인 재킷 　　　　　　作성일자 : 20 　년　　월　　일

### 적용 치수

가슴둘레 : 86cm
허리둘레 : 68cm
엉덩이둘레 : 92cm
엉덩이길이 : 18cm
등길이 : 38cm
앞길이 : 40.5cm
등품 : 35cm
앞품 : 33cm
어깨너비 : 38cm
유장 : 24cm
소매길이 : 58cm
소매밑단둘레 : 24cm
재킷길이 : 55cm

| 봉재 시 유의사항 | 원·부자재 소요량 | | | |
|---|---|---|---|---|

| 봉재 시 유의사항 |
|---|
| • 겉감, 안감 식서 방향에 주의하시오. |
| • 심지는 밀리지 않도록 다림질에 유의하시오. |
| • 장식 스티치는 전체 0.3cm로 하시오. |
| • 소매는 한 장 소매로 다트 처리하시오. |
| • 소맷부리는 바이어스로 처리하여 공그르기하시오. |
| • 주머니는 장식용 플랩 포켓으로 허리선에 끼워 박으시오. |
| • 단춧구멍은 2.5cm로 하시오. |
| • 안감 밑단은 접어박기하시오. |
| • 겉감 밑단은 바이어스로 처리하여 공그르기하시오. |
| • size 절대 준수 |

| 자재명 | 규격 | 단위 | 소요량 |
|---|---|---|---|
| 겉감 | 110cm | cm | 210 |
| 안감 | 110cm | cm | 210 |
| 심지 | 110cm | cm | 100 |
| 재봉실 | 60s/3합 | com | 1 |
| 다대 테이프 | 10mm | cm | 150 |
| 단추 | 20mm | EA | 2 |
| 단추 | 12mm | EA | 2 |

# 1 패턴 설계 뒤판 확대도

| 적용 치수 | ① 재킷길이 : 55cm | ③ 진동 깊이 : $\dfrac{가슴둘레}{4}$ + 1cm |
|---|---|---|
| | ② 등길이 : 38cm | ④ 엉덩이길이 : 18cm |

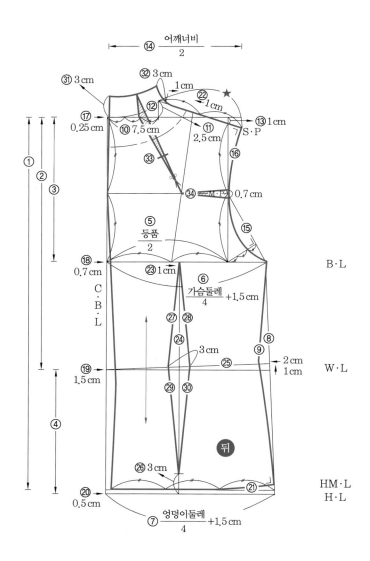

## 2 패턴 설계 앞판 확대도

| 적용 치수 | |
|---|---|
| ① 재킷길이 : 55cm + 2.5cm | ⑭ 뒤어깨선 치수를 재어 앞어깨선을 그린다. |
| ② 앞길이 : 40.5cm | ⑱ 유폭 : 18cm, $\dfrac{유폭}{2}$ : 9cm |
| ③ 진동 깊이 : $\dfrac{가슴둘레}{4}$ + 1cm | ⑲ 앞길이 − 등길이 |
| ④ 엉덩이길이 : 18cm | |

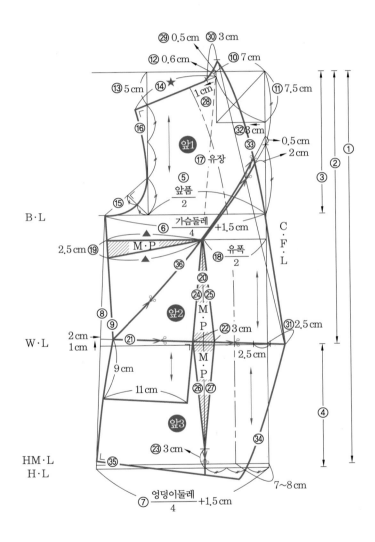

## 3 한 장 소매 설계도

**적용 치수**

① 소매길이 : 58cm

② 소매산 $\left(\dfrac{앞진동둘레+뒤진동둘레}{3}\right)$ : 15cm

③ 팔꿈치길이 $\left(\dfrac{소매길이}{2}+3cm\right)$ : 32cm

④ 앞진동둘레 (표준 22cm) − 0.5cm

⑤ 뒤진동둘레 (표준 23cm) − 0.5cm

㉒ ★ 총너비 : 대략 33cm

㉒-1 33cm(★ 총너비) − 24cm(소매밑단너비) : ▲ 9cm

\* 소매밑단너비(소맷부리) : 24cm

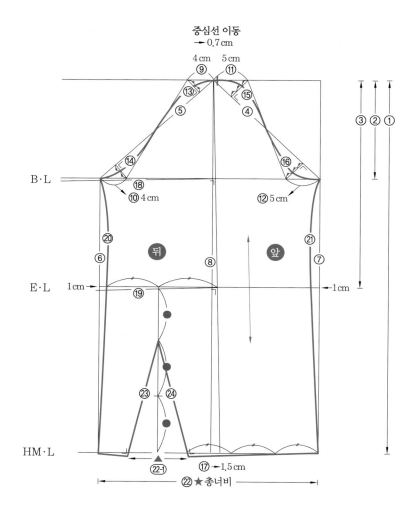

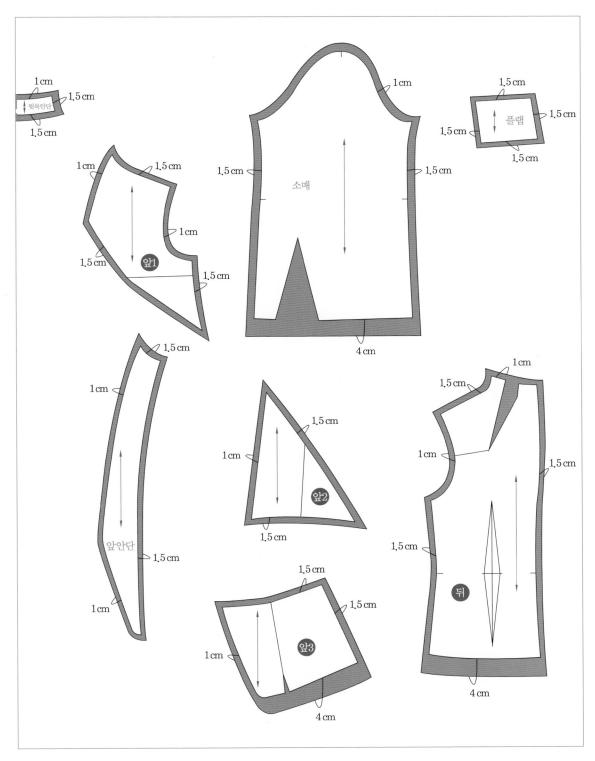

1 cm
1.5 cm
뒷목안단
1.5 cm

1 cm
1.5 cm
앞1
1.5 cm
1 cm
1.5 cm

1 cm
소매
1 cm
1.5 cm
1.5 cm
4 cm

1.5 cm
플랩
1.5 cm
1.5 cm
1.5 cm

1.5 cm
1 cm
앞안단
1.5 cm
1 cm

1.5 cm
1 cm
앞2
1.5 cm

1.5 cm
1.5 cm
앞3
1 cm
4 cm

1 cm
1.5 cm
1 cm
1.5 cm
뒤
1.5 cm
4 cm

※ 원단의 겉과 겉끼리 식서 방향으로 접어 놓은 상태이다.

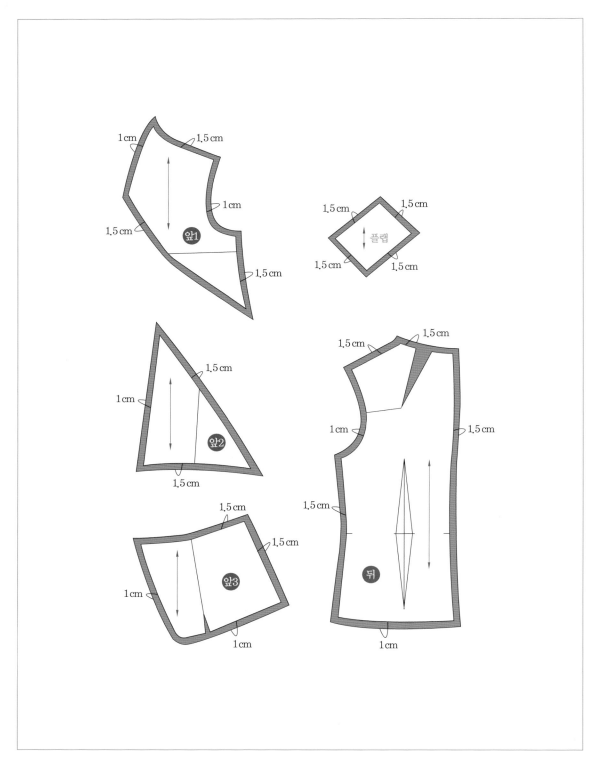

1cm   1.5cm

1.5cm

1cm

앞1

1.5cm

1.5cm   1.5cm

1.5cm   플랩

1.5cm   1.5cm

1.5cm

1cm

앞2

1.5cm

1.5cm

1.5cm   1.5cm

1cm   1.5cm

1.5cm

1cm

앞3

뒤

1cm

1cm

※ 원단의 겉과 겉끼리 식서 방향으로 접어 놓은 상태이다.

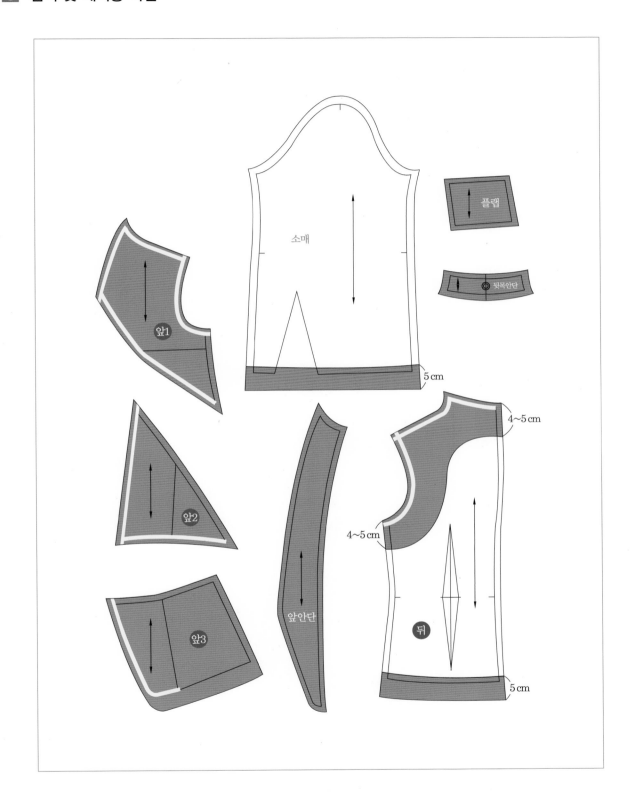

소매

플랩

뒷목안단

앞1

앞2

앞3

앞안단

뒤

5 cm

4~5 cm

4~5 cm

5 cm

# 7 봉제 작업

## (1) 앞판 주머니 만들기 (한쪽 기준)

**1** 겉감과 안감에 심지를 부착한다.
   ★ 다리미를 밀지 말고 스팀을 주면서 한다.

**2** 심지를 붙인 플랩의 겉과 겉끼리 마주한 후 플랩 모양대로 박음질한다.

**3** 모서리는 손으로 꽉 잡아 다림질한 후 뒤집는다.

**4** 다림질한 후 뒤집은 모습

**5** 장식 스티치 0.3cm로 박음질한다.

**6** 앞판3 플랩 위치에 놓고 미싱 또는 시침질하여 고정한다.

## (2) 앞판 만들기

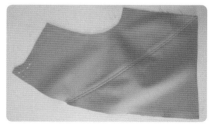

**1** 앞판1, 앞판2의 크로스 라인을 박음질한 후 시접을 위로 올려놓고 다림질한다.

➡ 암홀 테이프 붙이기

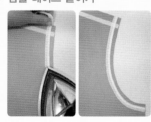

**2** 시접을 위로 올려놓은 상태에서 겉면에 장식 스티치 0.3cm로 박음질한다.

**주의 사항** 다리미를 밀지 말고 스팀을 주면서 고르게 접착한다.
★ 22쪽 심지 참고

---

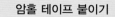 **tip**    **암홀 테이프 붙이기**

암홀 부위에는 암홀 전용 심지 테이프를 부착하면 소매가 예쁘게 달린다.

3 앞판2와 플랩을 고정한 앞판3을 박음질한 후 시접을 위로 올려놓고 다림질한다.

겉면에서 본 모습

4 시접을 위로 올려놓은 상태로 겉면에서 장식 스티치 0.3cm로 박음질한다.

## (3) 뒤판 만들기

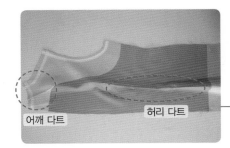

어깨 다트          허리 다트

1 어깨 다트와 허리 다트를 박음질한 후 우마 위에 올려놓고 뒤판 중심 쪽을 바라보도록 다림질한다.

다트 끝부분은 실로 매듭을 지어 풀리지 않도록 세 번 묶어 준다.

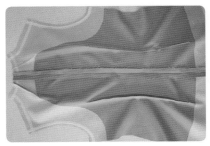

2 뒤중심선을 박음질한 후 가름솔로 다림질한다.

3 앞판, 뒤판의 겉과 겉끼리 옆선을 박음질한 후 가름솔로 다림질한다.
★ 재킷의 라인을 생각하면서 약간 늘리면서 다림질한다.

앞판, 뒤판을
겉과 겉끼리 놓은 모습

## (4) 소매 만들기

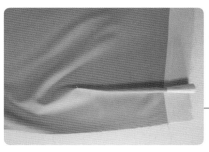

**1** 소매 밑 다트를 박음질한다.

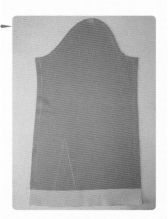

소매 모양

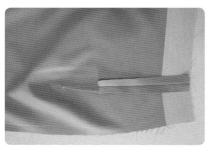

**2** 시접은 4cm 내려온 지점에서 가윗집을 주고 옆선 쪽으로 다림질하며, 아래 시접은 가름솔로 다림질한다.

다트 끝부분은 실로 매듭을 지어 풀리지 않도록 세 번 묶어 준다.

**3** 소매 옆선을 박음질한 후 가름솔로 다림질한다.

확대한 모습
★ 35쪽 접어박기 가름솔 참고

**4** 가름솔한 소매 시접을 접어박기한다.
　★ 소매에 안감이 달릴 경우에는 소매 시접을 접어박기하지 않는다.

**바이어스테이프 연결 방법**

**5** 소매 밑단을 완성선에 맞추어 다림질한 후 소매 밑단에 바이어스테이프를 올려놓고 노루발 반 발 0.5cm 간격으로 박음질한다.
　★ 폭 3.5cm 바이어스테이프를 준비한다.
　　소재에 따라 폭 사이즈는 달라진다.

★ 34쪽 바이어스테이프 만들기
　36쪽 바이어스 가름솔 참고

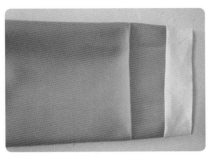

6 박음질한 후 바이어스테이프를 아래로 내린다.

7 바이어스테이프로 시접을 감싸 테이프 끝에서 0.1cm 떨어진 위치를 박음질한다.

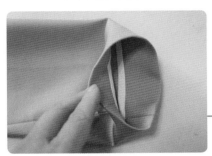

8 소맷단을 접어 공그르기한다.

★ 26쪽 공그르기 참고

9 소매산 완성선에서 0.2~0.3cm 간격으로 나란히 두 줄로 박음질한다.
   ★ 미싱의 땀수를 큰 땀수로 돌려놓고 박음질한다(실이 끊기지 않고 잘 당겨지도록 하기 위해서이다).
   ★ 시작과 끝은 되돌려박기를 하지 않고 실을 길게 남겨 둔다(잡아당기기 위해서이다).

10 소매산 양쪽에서 두 올의 실을 잡아당겨 암홀 라인 치수에 맞게 오그려 준다.

**11** 오그린 소매산을 소매 전용 데스망에 올려놓고
스팀을 주면서 다림질한다.
★ 데스망 또는 우마 가장자리에 대고 스팀을 주
면서 다림질한다.

데스망

우마

**12** 완성된 소매를 몸판과 함께 핀을 꽂아 움직이
지 않게 고정한다.
★ 소매 중심선을 맞추어 고정한다.

소매를 달기 어려운 경우 핀으
로 고정한 소매를 시침질하여 고
정한다.
★ 24쪽 시침질 참고

**13** 소매와 몸판을 박음질한 후 0.5cm를 남기고 가
위로 자른다.

**14** 소매 안쪽에 바이어스테이프를 올려놓고 노루
발 반 발 0.5cm 간격으로 박음질한다.
★ 폭 3.5cm 바이어스테이프를 준비한다.
소재에 따라 폭 사이즈는 달라진다.

**바이어스테이프 연결 방법**

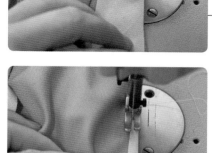

**15** 바이어스테이프로 시접을 감싸 아래는 접어 주
고 테이프 끝에서 0.1cm 떨어진 위치에 박음
질한다.

★ 34쪽 바이어스테이프 만들기
36쪽 바이어스 가름솔 참고

## (5) 안감 만들기

**1** 앞판1, 앞판2, 앞판3의 크로스 라인을 박음질한 후 앞안단과 박음질한다.
  ★ 앞안단 시접은 옆선 쪽으로 다림질한다.

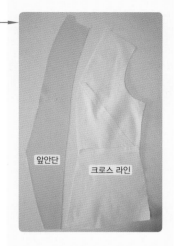

**2** 어깨 다트와 허리 다트를 박음질한 후 중심선 쪽으로 박음질한다.
  ★ 뒷중심을 박음질한 후 시접은 왼쪽으로 다림질한다.
  ★ 입었을 때 뒤중심 시접은 오른쪽으로 가야 한다.

**3** 뒷목 안단을 뒤판 안감과 박음질한다.

**4** 앞판과 뒤판을 겉과 겉끼리 놓고 옆선을 박음질한 후 시접을 뒤판 쪽으로 다림질한다.
  어깨는 박음질한 후 시접은 뒤판 쪽으로 다림질한다.
  ★ 우마에 올려놓고 다림질한다.

## (6) 겉감, 안감 연결하기

**1** 완성된 겉감과 안감을 겉과 겉끼리 맞추어 놓는다.

**2** 박음질한 후 시접을 꺾어 다림질한다.

다림질한 후 뒤집어야 모양이 예쁘게 나온다.

## (7) 몸판과 안감 밑단 정리하기

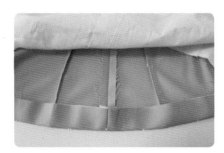

**1** 겉감 밑단을 완성선에 맞추어 다림질한다.

**2** 겉감 밑단에 바이어스테이프를 올려놓고 노루발 반 발 0.5cm 간격으로 박음질한다.
★ 폭 3.5cm 바이어스테이프를 준비한다.
소재에 따라 폭 사이즈는 달라진다.

**바이어스테이프 연결 방법**

**3** 바이어스테이프로 시접을 감싸 테이프 끝에서 0.1cm 떨어진 위치를 박음질한다.

★ 34쪽 바이어스테이프 만들기
36쪽 바이어스 가름솔 참고

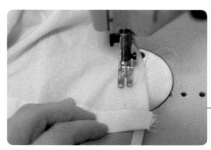

**4** 안감은 겉감 완성선에서 1~1.5cm 올라간 선에 맞추어 다림질한 후 말아박기 박음질한다.

**말아박기 순서**
❶ 완성선을 다림질한다.
❷ 다림질한 선의 절반을 접어 박음질한다.

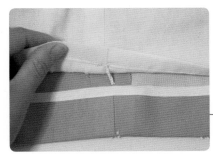

**5** 밑단을 접어 공그르기한 후 밑단 겉감과 안감을
실루프로 연결하여 고정한다.
★ 실루프의 길이 : 약 3~4cm

★ 26쪽 공그르기
27쪽 실루프 참고

**6** 소매 안감을 말아박기 박음질한다.

**7** 소매 겉감과 안감을 실루프로 연결하여 고정한다.
★ 실루프의 길이 : 약 2cm

★ 27쪽 실루프 참고

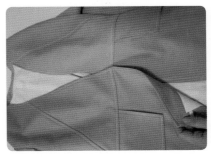

**8** 전체 장식 스티치 0.3cm로 박음질한다.

★ 33쪽 입술 단춧구멍 참고

(8) 입술 단춧구멍을 만들고 단추 달기

---

 **tip**    **실루프**

실고리라고도 하며 재킷, 팬츠, 스커트 밑단의 겉감과 안감을 고정할 때, 재킷의 벨트 고리, 허리 벨트 고리 등에 사용한다.

# 스커트 만들기

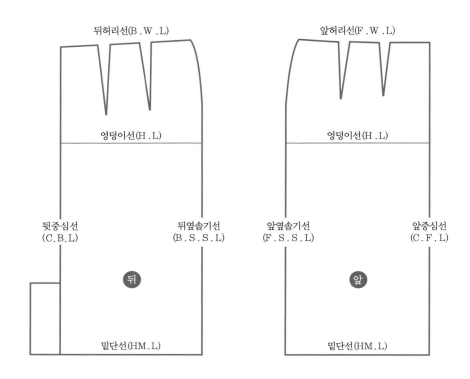

뒤허리선(B . W . L)

앞허리선(F . W . L)

엉덩이선(H .L)

엉덩이선(H .L)

뒷중심선
(C.B.L)

뒤옆솔기선
(B.S.S.L)

앞옆솔기선
(F.S.S.L)

앞중심선
(C.F.L)

뒤

앞

밑단선(HM.L)

밑단선(HM.L)

스커트 제도에 필요한 용어

| 용어 | 약어 | 영어 | 용어 | 약어 | 영어 |
|------|------|------|------|------|------|
| 허리선 | W.L | Waist Line | 앞옆솔기선 | F.S.S.L | Front Side Seam Line |
| 뒤중심선 | C.B.L | Center Back Line | 뒤옆솔기선 | B.S.S.L | Back Side Seam Line |
| 앞중심선 | C.F.L | Center Front Line | 엉덩이선 | H.L | Hip Line |
| 뒤허리선 | B.W.L | Back Waist Line | 엉덩이길이 | H.L | Hip Length |
| 앞허리선 | F.W.L | Front Waist Line | 밑단선 | HM.L | Hem Line |

## 스커트 그리기

| 적용 치수 | 허리둘레 : 68cm | 엉덩이길이 : 18cm |
|---|---|---|
| | 엉덩이둘레 : 92cm | 스커트길이 : 55cm |

❶

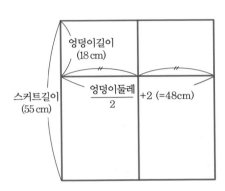

엉덩이길이
(18 cm)

스커트길이
(55 cm)

엉덩이둘레
───── +2 (=48cm)
2

❷

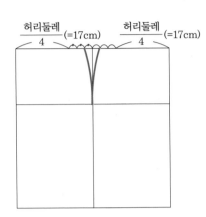

허리둘레
───── (=17cm)
4

허리둘레
───── (=17cm)
4

❸

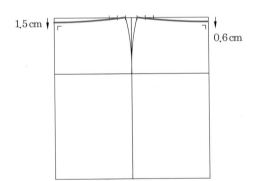

1.5 cm ↓

0.6 cm

❹

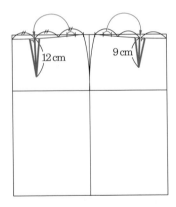

12 cm

9 cm

❺

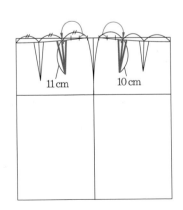

11 cm

10 cm

❻

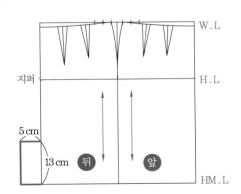

W.L

지퍼

H.L

5 cm

13 cm 뒤 앞

HM.L

옆선 그리기
자 사용법(❷)

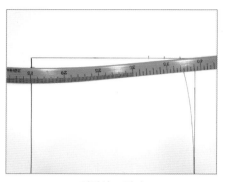

허리선 그리기
자 사용법(❸)

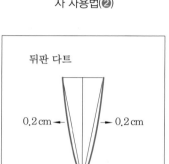

뒤판 다트

0.2cm →      ← 0.2cm

뒤판 다트 그리기

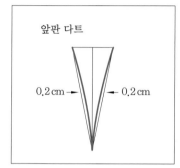

앞판 다트

0.2cm →      ← 0.2cm

앞판 다트 그리기

**tip**     허리선

허리선은 중심선으로부터 3~4cm가 직각이 되도록 그리면 옷을 완성했을 때 자연스럽다.

3cm  3cm

( ○ )

( × )

# 3 하이 웨이스트 스커트 만들기

| 작 업 지 시 서 | 결재 | 디자이너 | 팀 장 | 실 장 | 대 표 |
|---|---|---|---|---|---|
| | | | | | |

| ITEM : 하이 웨이스트 스커트 | 작성일자 : 20   년   월   일 |
|---|---|

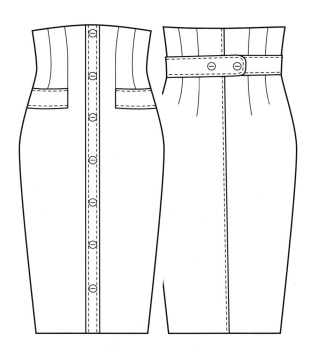

**적용 치수**

허리둘레 : 68cm
엉덩이둘레 : 90cm
엉덩이길이 : 18cm
스커트길이 : 60cm

| 봉재 시 유의사항 | 원·부자재 소요량 | | | |
|---|---|---|---|---|

봉재 시 유의사항

- 겉감, 안감 식서 방향에 주의하시오.
- 심지는 밀리지 않도록 다림질에 유의하시오.
- 장식 스티치는 전체 0.5cm로 하시오.
- 앞판 웰트포켓 너비 3cm로 하시오.
- 뒤판 장식 벨트 너비 4cm로 옆선에 끼워 다시오.
- 덧단과 안단은 골로 처리하시오.
- 밑단 시접은 바이어스 처리하여 공그르기하시오.
- 밑단 옆선에 양쪽으로 실고리하시오.
- size 절대 준수

| 자재명 | 규격 | 단위 | 소요량 |
|---|---|---|---|
| 겉감 | 110cm | cm | 150 |
| 안감 | 110cm | cm | 150 |
| 심지 | 110cm | cm | 90 |
| 재봉실 | 60s/3합 | com | 1 |
| 다대 테이프 | 10mm | cm | 200 |
| 단추 | 15mm | EA | 9 |

| 적용 치수 | 뒤판 | 앞판 |
|---|---|---|
| | ① 스커트길이 : 60cm | ① 스커트길이 : 60cm |
| | ② 엉덩이길이 : 18cm | ② 엉덩이길이 : 18cm |

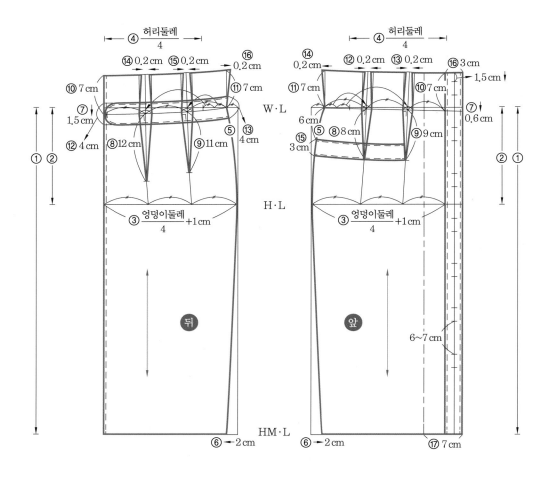

## 2 패턴 배치도 및 시접(겉감)

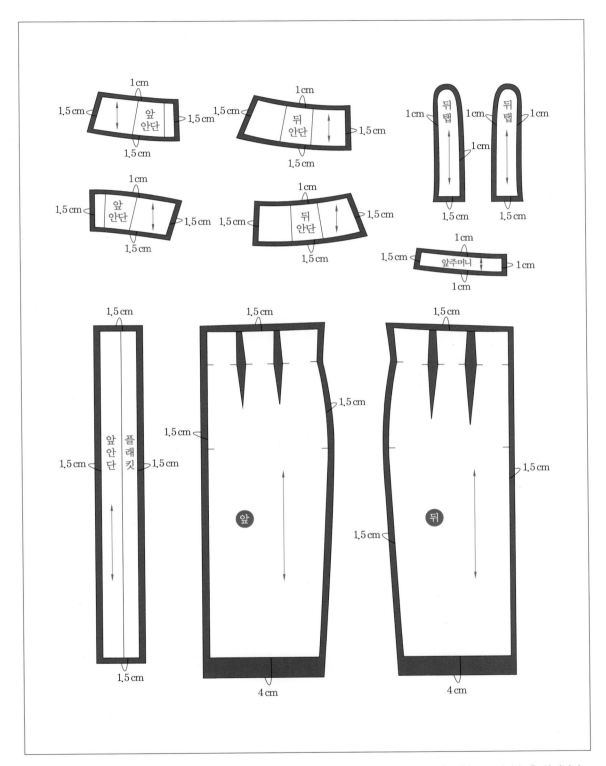

1 cm
1.5 cm 앞 안단 1.5 cm
1.5 cm

1 cm
1.5 cm 뒤 안단 1.5 cm
1.5 cm

1 cm 뒤 탭 1 cm   1 cm 뒤 탭 1 cm
1 cm
1.5 cm   1.5 cm

1 cm
1.5 cm 앞 안단 1.5 cm
1.5 cm

1 cm
1.5 cm 뒤 안단 1.5 cm
1.5 cm

1 cm
1.5 cm 앞주머니 1 cm
1 cm

1.5 cm
앞 안단  플래킷
1.5 cm 1.5 cm
1.5 cm

1.5 cm
1.5 cm
앞
1.5 cm

1.5 cm
1.5 cm
뒤
1.5 cm
1.5 cm

4 cm   4 cm

※ 원단의 겉과 겉끼리 식서 방향으로 접어 놓은 상태이다.

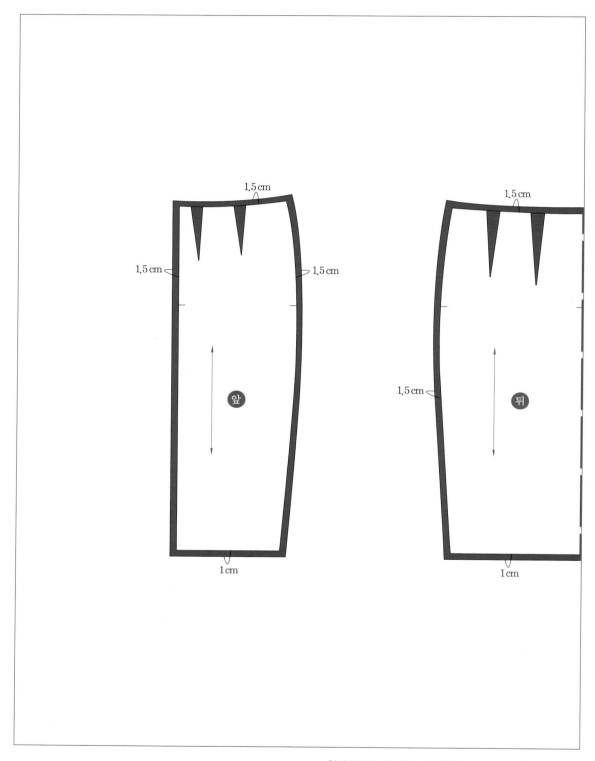

1,5 cm

1,5 cm                    1,5 cm

1,5 cm

앞                         뒤

1 cm                      1 cm

※ 원단의 겉과 겉끼리 식서 방향으로 접어 놓은 상태이다.

## 4 심지 및 테이핑 작업

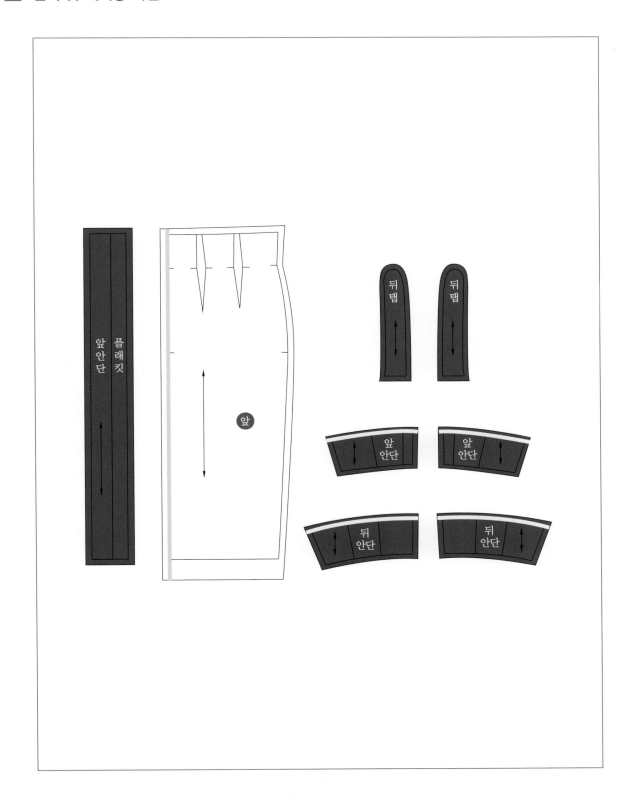

## 5 봉제 작업

### (1) 앞판 주머니 만들기

**1** 주머니 시접을 초크로 그린다.

**초크(초자고)**

★ 칼이나 초크를 깎는 용구를 사
용하여 뾰족하게 하여 사용한다.

**2** 시접을 안쪽으로 접어 다림질한다.

**3** 겉면에서 장식 스티치 0.5cm로 박음질한다.

### (2) 앞판 만들기

앞판 '겉'

**1** 주머니를 중심 쪽 다트 위에 올려놓고 시침질
하여 고정한다.

앞판(안쪽 면)

앞판 '안'

**2** 주머니를 끼운 상태에서 다트를 박음질한다.

주머니를 끼운 상태에서
박음질한 모습(겉면)

3 앞판 다트를 박음질한 후 우마에 올려놓고 시접을 중심 쪽으로 다림질한다.

다트 끝부분은 실로 매듭을 지어 풀리지 않도록 세 번 묶어 준다.

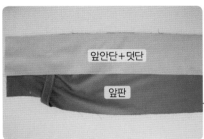

4 앞판과 골로 만든 앞안단과 덧단을 겉과 겉끼리 놓고 박음질한 후 시접을 덧단 쪽으로 다림질한다.
★ 덧단(플래킷)과 안단을 골로 만든다.

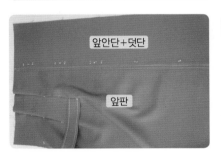

5 시접을 덧단 쪽으로 놓은 상태에서 겉면에 장식 스티치 0.5cm로 박음질한다.

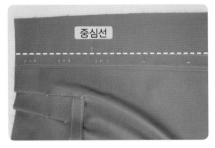

6 중심선에 박음질한다.

## (3) 뒤판 만들기

1 뒤판 다트를 박음질한 후 우마에 올려놓고 시접을 중심 쪽으로 다림질한다.

다트 끝부분은 실로 매듭을 지어 풀리지 않도록 세 번 묶어 준다.

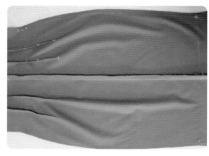

**2** 뒤판 중심선을 박음질한 후 시접을 모아 오른쪽으로 다림질한다.
★ 겉면에서 중심선 시접은 왼쪽에 있다.

확대한 모습

**3** 뒤판 중심선의 시접을 왼쪽으로 놓은 상태에서 겉면에 장식 스티치 0.5cm로 박음질한다.

뒤판 탭 만들기 (한쪽 기준)

**4** 탭(Tab)을 뒤판 허리 위치에 올려놓고 박음질 또는 시침질로 고정한다.

❶ 심지를 접착한 탭을 준비한다.
❷ 탭의 겉과 겉끼리 놓고 모양대로 박음질한다.
❸ 박음질 후 뒤집어 다림질한다.

**5** 앞판, 뒤판의 겉과 겉끼리 옆선을 박음질한다.

박음질로 고정한 모습

**6** 박음질한 후 우마에 올려놓고 가름솔로 다림질한다.

## (4) 안감 만들기

**1** 앞판 다트를 박음질한 후 우마에 올려놓고 시접을 옆선 쪽으로 다림질한다.
★ 시접이 겉감과 반대 방향이어야 원단이 두꺼워지지 않아 예쁘다.

다트 끝부분은 실로 매듭을 지어 풀리지 않도록 세 번 묶어 준다.

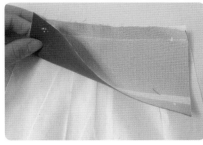

**2** 앞판과 앞안단을 박음질한다.

앞안단 모습

안단

안감

**3** 시접을 안감 쪽으로 내려놓고 0.2cm 폭으로 누름 상침한다.

확대한 모습

**4** 뒤판 다트를 박음질한 후 우마에 올려놓고 시접을 옆선 쪽으로 다림질한다.
★ 시접이 겉감과 반대 방향이어야 원단이 두꺼워지지 않아 예쁘다.

다트 끝부분은 실로 매듭을 지어 풀리지 않도록 세 번 묶어 준다.

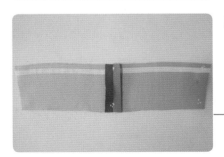

**5** 뒤안단의 중심선을 박음질한 후 가름솔로 다림질한다.

뒤안단 모습

6 뒤판과 뒤안단을 박음질한다.

안감

7 시접을 안감 쪽으로 내려놓고 0.2cm 폭으로 누름 상침한다.

확대한 모습

8 안감을 앞판, 뒤판의 겉과 겉끼리 놓고 옆선을 박음질한 후 시접을 뒤쪽으로 다림질한다.

9 안감은 겉감 완성선 위치에서 2.5cm 위에 다림질한 후 말아박기 박음질한다.

**말아박기 순서**

❶ 완성선을 다림질한다.
❷ 다림질한 선의 절반을 접어 박음질한다.

## (5) 겉감, 안감 연결하기

1 덧단과 안감의 겉과 겉끼리 마주 보도록 놓고 박음질한다.

**2** 앞판 만들기 **6**에서 중심선에 박음질한 부분을 접어 놓고 다림질한다.
★ 덧단과 안단을 골로 만든다.

**3** 완성된 겉감과 안감을 겉과 겉끼리 맞추어 놓고 허리선을 박음질한다.

앞안단과 뒤안단 모습

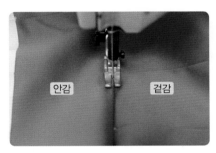

**4** **3**에서 박음질한 허리 시접은 안감 쪽으로 내려놓고 사이박음 0.2cm 폭으로 누름 상침한 후 우마에 올려놓고 다림질한다.

## (6) 몸판과 안감 밑단 정리하기

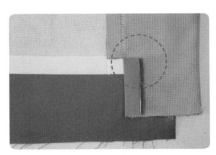

**1** 말아박기 박음질한 안감 위로 1.5cm 위치를 가위로 자른 후 접어서 다림질한다.

**2** 스커트 밑단을 완성선에 맞추어 다림질한다.

가름솔로 다림질한 시접선이 똑같아야 보기에 예쁘다.

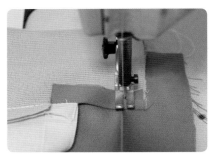

**3** 스커트 밑단 완성선에 안단을 박음질한다.

**4** 박음질한 후 시접을 꺾어 다림질한다.
★ 다림질한 후 뒤집어야 모양이 예쁘게 나온다.

시접을 꺾어 다림질하는 모습

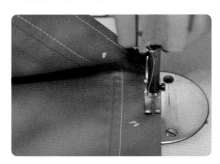

**5** 골로 처리한 덧단의 겉면에서 장식 스티치 0.5cm 로 박음질한다.

덧단    안감

**6** 안감 쪽에서 0.2cm 폭으로 누름 상침한다.

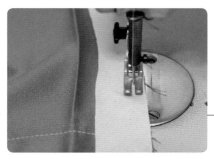

**7** 겉감 밑단에 바이어스테이프를 올려놓고 노루발 반 발 0.5cm 간격으로 박음질한다.
★ 폭 3.5cm 바이어스테이프를 준비한다. 소재에 따라 폭 사이즈는 달라진다.

★ 34쪽 바이어스테이프 만들기
36쪽 바이어스 가름솔 참고

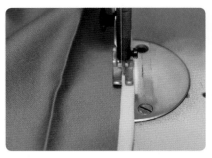

**8** 바이어스테이프로 시접을 감싸 테이프 끝에서 0.1cm 떨어진 위치를 박음질한다.

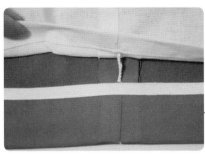

**9** 스커트 밑단을 접어 공그르기한 후 밑단 옆선 양쪽에 겉감과 안감을 실루프로 연결하여 고정한다.
★ 실루프의 길이 : 약 3~4cm

양쪽 모서리를 공그르기한다.
★ 26쪽 공그르기
27쪽 실루프 참고

★ 32쪽 버튼홀 스티치 참고

(7) 버튼홀 스티치 단춧구멍을 만들고 단추 달기

## 8 완성 작품

| 작 업 지 시 서 | 결 재 | 디자이너 | 팀 장 | 실 장 | 대 표 |
|---|---|---|---|---|---|
| | | | | | |

| ITEM : 10쪽 사선 고어드 스커트 | 작성일자 : 20    년    월    일 |
|---|---|

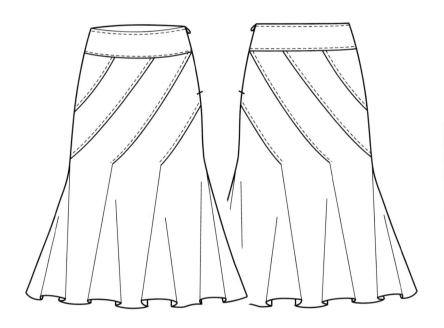

**적용 치수**

허리둘레 : 68cm
엉덩이둘레 : 90cm
엉덩이길이 : 18cm
스커트길이 : 62cm

| 봉재 시 유의사항 | 원·부자재 소요량 | | | |
|---|---|---|---|---|
| • 겉감, 안감 식서 방향에 주의하시오.<br>• 심지는 밀리지 않도록 다림질에 유의하시오.<br>• 장식 스티치는 전체 0.3cm로 하시오.<br>• 요크 너비는 5cm로 하시오.<br>• 콘솔 지퍼를 달고 걸고리를 하시오.<br>• 지퍼는 밀리지 않게 다시오.<br>• 허리 요크, 지퍼 다는 부분 심지 작업 및 다대 테이프 붙이기<br>• 스커트 밑단 1cm로 접어박기하시오.<br>• 안감은 절개 없이 하시오.<br>• size 절대 준수 | 자재명 | 규격 | 단위 | 소요량 |
| | 겉감 | 110cm | cm | 150 |
| | 안감 | 110cm | cm | 150 |
| | 심지 | 110cm | cm | 90 |
| | 재봉실 | 60s/3합 | com | 1 |
| | 다대 테이프 | 10mm | cm | 200 |
| | 콘솔 지퍼 | 25mm | EA | 1 |
| | 걸고리 | | 쌍 | 1 |

# 1 패턴 설계도

적용 치수    ① 스커트길이 : 62cm      ② 엉덩이길이 : 18cm

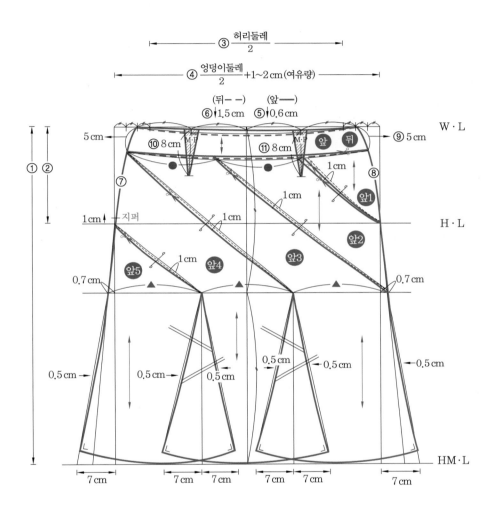

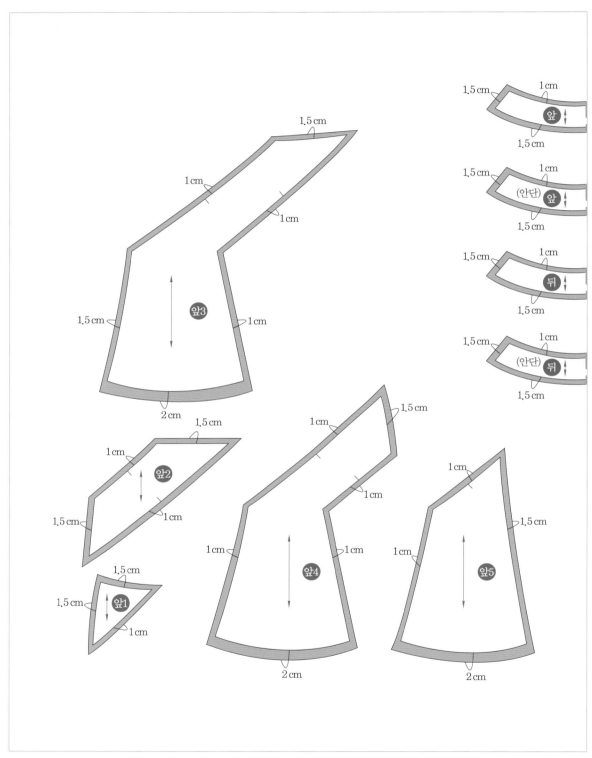

※ 원단의 겉과 겉끼리 식서 방향으로 접어 놓은 상태이다.

**3** 패턴 배치도 및 시접 (안감)

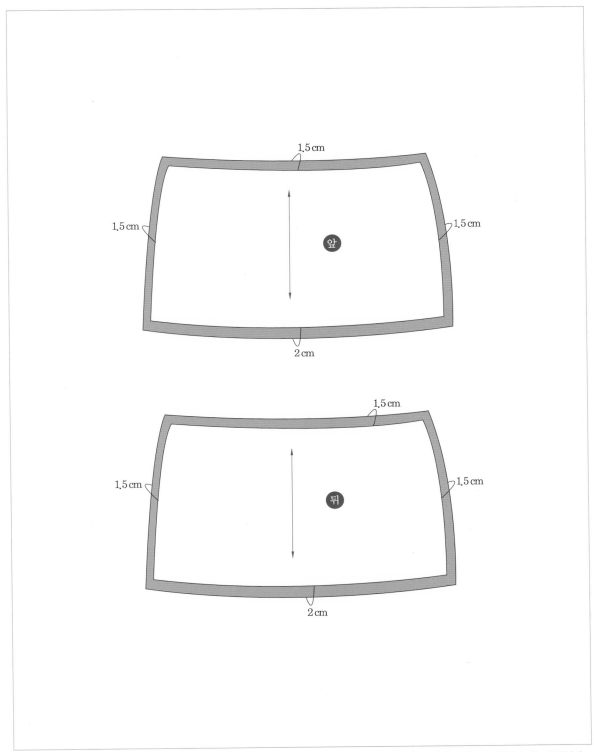

1.5 cm

1.5 cm
앞
1.5 cm

2 cm

1.5 cm

1.5 cm
뒤
1.5 cm

2 cm

※ 원단의 겉과 겉끼리 식서 방향으로 접어 놓은 상태이다.

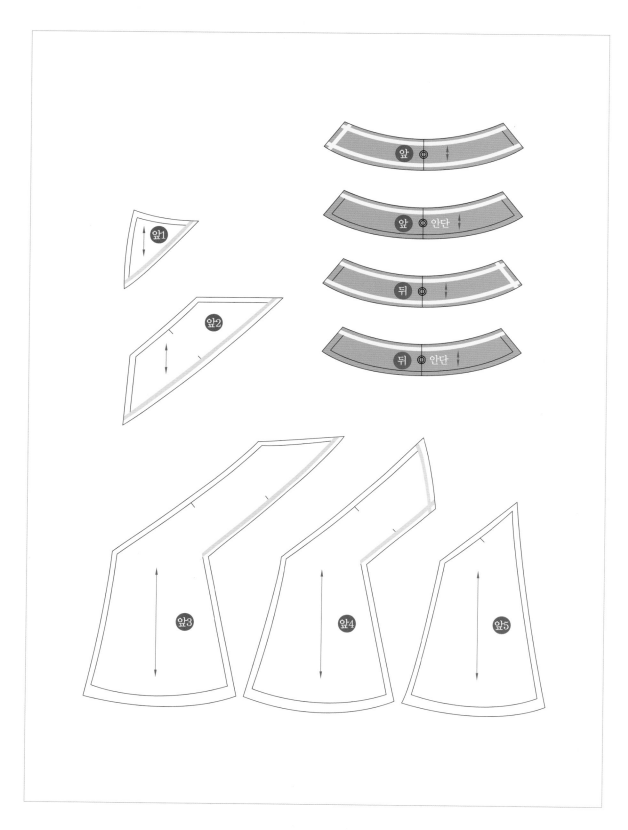

## 5 봉제 작업

### (1) 앞판 만들기

**1** 앞1과 앞2를 겉과 겉끼리 마주 보도록 놓고 박음질한다.

앞판

**2** 앞2와 앞3을 겉과 겉끼리 마주 보도록 놓고 박음질한다.

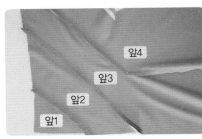

**3** 앞3과 앞4를 겉과 겉끼리 마주 보도록 놓고 박음질한다.

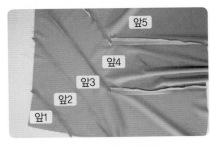

**4** 앞4와 앞5를 겉과 겉끼리 마주 보도록 놓고 박음질한다.

**5** 시접을 위로 올려놓은 상태에서 겉면에 장식 스티치 0.3cm로 박음질한다.

박음질 확대 모습

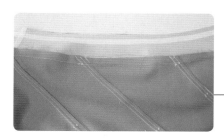

**6** 앞판 요크 밴드와 플레어 부분을 겉과 겉끼리 마주 보도록 놓고 박음질한 후 시접을 위로 올려놓고 다림질한다.

위 : 겉면 앞판 요크 밴드
아래 : 플레어

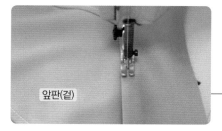

**7** 시접을 위로 올려놓은 상태에서 겉면에 장식 스티치 0.3cm로 박음질한다.

앞판(겉면)을 확대한 모습

## (2) 뒤판 만들기

**1** 앞판 만들기 1~7과 동일한 방법으로 한다.

위 : 겉면 뒤판 요크 밴드
아래 : 플레어

**2** 앞판, 뒤판의 겉과 겉끼리 옆선을 박음질한 후 우마에 올려놓고 가름솔로 다림질한다.
★ 지퍼를 달 부분은 남기고 박음질한다.

## (3) 콘솔 지퍼 달기

**1** 원단과 같은 색 콘솔 지퍼를 준비한다.
★ 지퍼 길이 : 10인치(약 25cm)

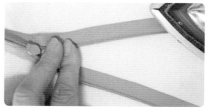

**2** 콘솔 지퍼를 벌린 후 톱니를 펴서 납작하게 다림질한다.

**3** 콘솔 지퍼를 달 위치에 올려놓는다.

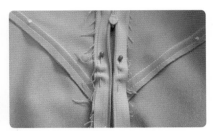

**4** 콘솔 지퍼의 상단 부분과 시작점을 초크로 표시하여 시침핀으로 고정한다.
★ 왼쪽부터 콘솔 지퍼를 박음질한다.

**5** 납작하게 다림질한 지퍼 끝선을 옆선 완성선에 바짝 맞춰 박음질한다.
★ 콘솔 지퍼 전용 노루발이 편리하다.

**6** 지퍼의 갈라진 부분과 옆선 봉제선 부분이 같도록 핀으로 고정한다.

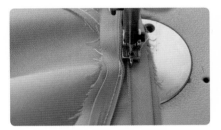

**7** 오른쪽 지퍼는 아래에서 위로 박음질한다.

**8** 지퍼를 박음질한 후 지퍼 아래쪽 슬라이드를 잡아 위쪽으로 올린다.

쇠 콘솔 노루발

## (4) 안감 만들기

**1** 앞판 요크 밴드 안단과 안감을 박음질한 후 시접을 아래로 다림질한다.

→ 뒤판은 앞판과 같은 방법이다.

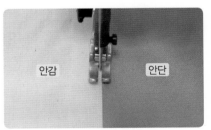

**2** 시접을 안감 쪽으로 내려놓고 0.2cm 폭으로 누름 상침한다.

**3** 앞판, 뒤판의 겉과 겉끼리 옆선을 박음질한 후 우마에 올려놓고, 시접은 뒤판 쪽으로 다림질한다.
★ 지퍼를 달 부분은 남기고 박음질한다.

우마

## (5) 겉감, 안감 연결하기

**1** 현재 겉감에 지퍼가 달린 상태이다. 손으로 지퍼와 안감을 잡아서 안으로 들어간다. → 지퍼는 벌어져 있는 상태이다.

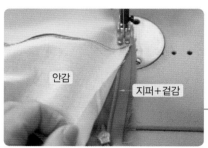

**2** 안으로 들어가 안감을 위로 올려놓은 상태에서 박음질한다.
　★ 지퍼는 벌어져 있는 상태이다.
　　일반 노루발로 교체한다.

지퍼를 단 모습

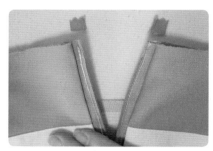

**3** 지퍼에 겉감과 안감을 박음질한 후 상단 위에 있는 지퍼는 가위로 자른다.

**4** 지퍼를 감싸 손으로 잡은 후 박음질한다.

지퍼를 감싸 손으로 잡은 모습

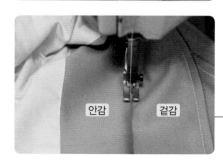

**5** 4에서 박음질한 허리 시접은 안감 쪽으로 내려놓고 사이박음 0.2cm 폭으로 누름 상침한 후, 우마에 올려놓고 다림질한다.

확대한 모습

6 우마에 올려놓고 다림질한다.

우마

## (6) 몸판과 안감 밑단 정리하기

1 스커트 밑단을 완성선에 맞추어 다림질한다.

2 다림질한 완성선을 반으로 접어 말아박기 박음질한다.
★ 자석 받침을 사용하면 똑같은 간격으로 편리하고 예쁘게 박음질할 수 있다.

말아박기 순서
❶ 완성선을 다림질한다.
❷ 다림질한 선의 절반을 접어 박음질한다.

3 박음질한 후 다림질한다.

확대한 모습

4 안감은 사선 끝나는 기점에서 1cm 말아박기 박음질한다.
★ 안감 시접 : 2cm

말아박기 순서
❶ 완성선을 다림질한다.
❷ 다림질한 선의 절반을 접어 박음질한다.

5 콘솔 지퍼를 단 위치 상단 안쪽에 걸고리를 단다.

# 5 부분 주름 스커트 만들기

| 작 업 지 시 서 | 결재 | 디자이너 | 팀 장 | 실 장 | 대 표 |
|---|---|---|---|---|---|
| | | | | | |

ITEM : 부분 주름 스커트 | 작성일자 : 20 년 월 일

**적용 치수**

허리둘레 : 68cm
엉덩이둘레 : 90cm
엉덩이길이 : 18cm
스커트길이 : 60cm

| 봉재 시 유의사항 | 원·부자재 소요량 | | | |
|---|---|---|---|---|

봉재 시 유의사항

- 겉감, 안감 식서 방향에 주의하시오.
- 심지는 밀리지 않도록 다림질에 유의하시오.
- 장식 스티치는 전체 0.3cm로 하시오.
- 요크 너비는 4cm로 하시오.
- 콘솔 지퍼를 달고 걸고리를 하시오.
- 지퍼는 밀리지 않게 다시오.
- 허리 요크, 지퍼 다는 부분 심지 작업 및 다대 테이프 붙이기
- 밑단 바이어스 처리 후 공그르기하시오.
- 밑단 옆선에 양쪽으로 실고리하시오.
- 주름 방향은 옆선으로 향하게 하시오.
- 안감 밑단 접어박기하시오(겉감 2.5cm 위에 위치).
- size 절대 준수

원·부자재 소요량

| 자재명 | 규격 | 단위 | 소요량 |
|---|---|---|---|
| 겉감 | 110cm | cm | 150 |
| 안감 | 110cm | cm | 150 |
| 심지 | 110cm | cm | 90 |
| 재봉실 | 60s/3합 | com | 1 |
| 다대 테이프 | 10mm | cm | 200 |
| 콘솔 지퍼 | 25mm | EA | 1 |
| 걸고리 | | 쌍 | 1 |

| 적용 치수 | 뒤판 | 앞판 |
|---|---|---|
| | ① 스커트길이 : 60cm | ① 스커트길이 : 60cm |
| | ② 엉덩이길이 : 18cm | ② 엉덩이길이 : 18cm |

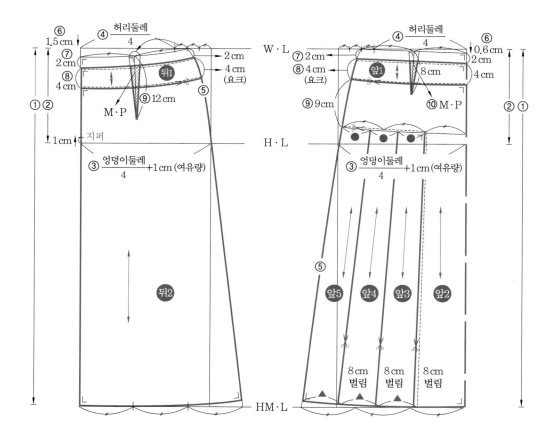

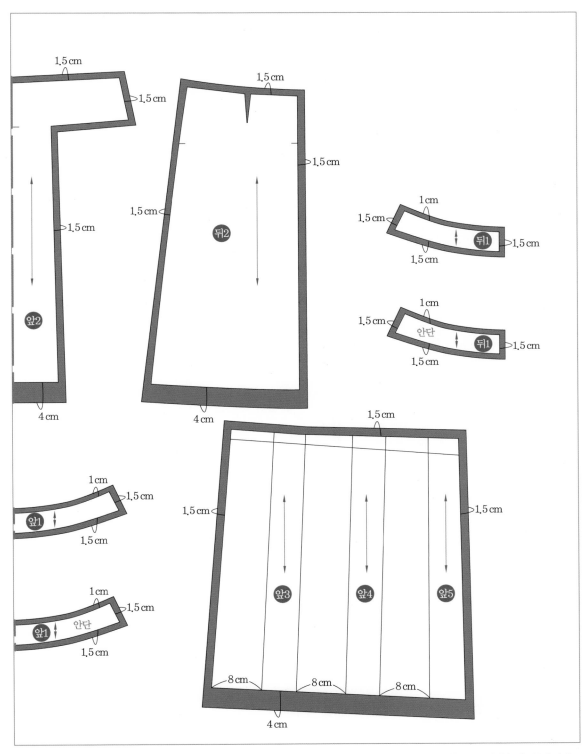

1,5 cm

1,5 cm

1,5 cm

1,5 cm

앞2

4 cm

1,5 cm

1,5 cm

1,5 cm

뒤2

4 cm

1 cm

1,5 cm

1,5 cm

뒤1

1,5 cm

1 cm

1,5 cm

안단

1,5 cm

뒤1

1,5 cm

1,5 cm

1 cm

1,5 cm

앞1

1,5 cm

1 cm

1,5 cm

앞1

안단

1,5 cm

1,5 cm

1,5 cm

앞3

앞4

앞5

8 cm

8 cm

8 cm

4 cm

※ 원단의 겉과 겉끼리 식서 방향으로 접어 놓은 상태이다.

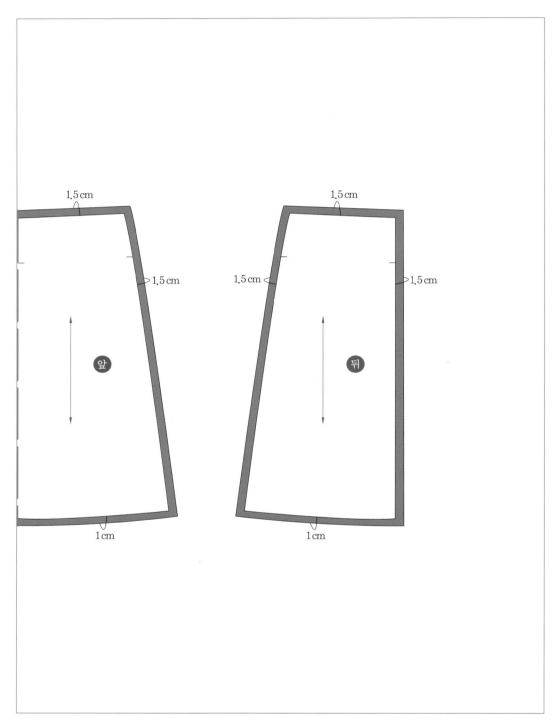

1,5 cm

1,5 cm

앞

1 cm

1,5 cm

1,5 cm

1,5 cm

뒤

1 cm

※ 원단의 겉과 겉끼리 식서 방향으로 접어 놓은 상태이다.

# 4 심지 및 테이핑 작업

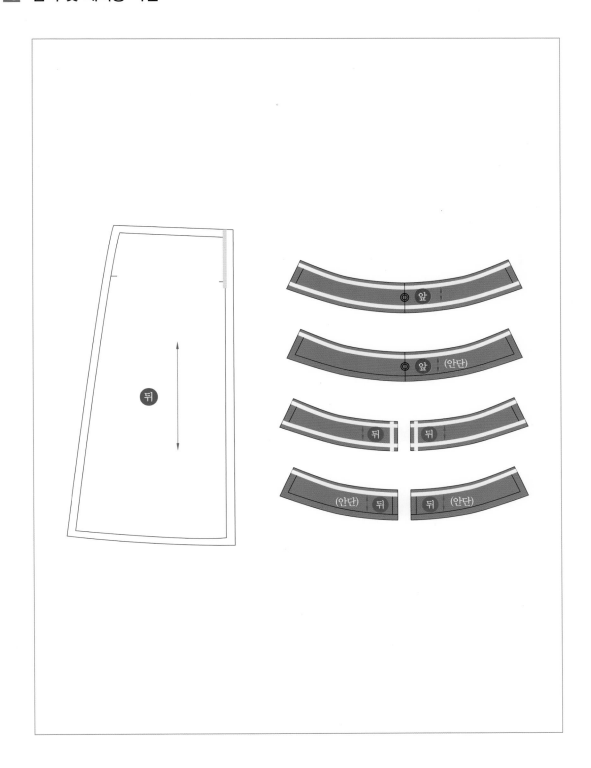

# 5 봉제 작업

## (1) 앞판 만들기

A

B

**1** 주름을 잡아 스팀을 주면서 다림질한다.
★ A로 주름을 잡은 B의 모양이다.

A 패턴

B 패턴

**2** 주름을 잡아 다림질한 후 박음질 또는 시침질로 고정한다.
★ 주름 방향은 옆선으로 향하게 한다.

**3** 원판 스커트에 양쪽으로 주름을 끼워 박음질한다.

왼쪽 주름          원판

왼쪽 주름과 원판 모습

**4** 시접을 위로 올려놓은 상태에서 겉면에 장식 스티치 0.3cm로 박음질한다.

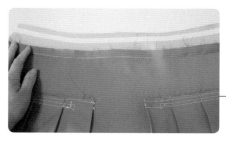

**5** 앞판 요크 밴드와 몸판 스커트의 겉과 겉끼리 마주 보도록 놓고 박음질한 다음, 시접을 위로 올려놓고 다림질한다.

겉면 앞판 요크 밴드

몸판 스커트

**6** 시접을 위로 올려놓은 상태에서 겉면에 장식 스티치 0.3cm로 박음질한다.

## (2) 뒤판 만들기

**1** 뒤판 다트를 박음질한 후 우마에 올려놓고 시접을 중심 쪽으로 다림질한다. 뒤중심선은 박음질한 후 가름솔로 다림질한다.
★ 지퍼를 달 부분은 남기고 박음질한다.

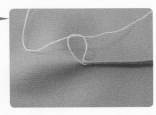

다트 끝부분은 실로 매듭을 지어 풀리지 않도록 세 번 묶어 준다.

**2** 다트를 박음질한 후 뒤판 요크 밴드와 겉과 겉끼리 마주 보도록 놓고 박음질한 다음, 시접을 위로 올려놓고 다림질한다.

겉면 뒤판 요크 밴드

겉면 뒤판

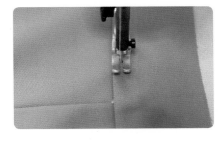

**3** 시접을 위로 올려놓은 상태에서 겉면에 장식 스티치 0.3cm로 박음질한다.

쇠 콘솔 노루발

## (3) 콘솔 지퍼 달기

**1** 콘솔 지퍼를 벌린 후 톱니를 펴서 납작하게 다림질한다.

**2** 지퍼 상단을 손으로 꺾는다.

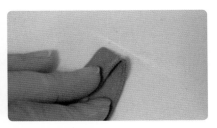

**3** 꺾은 상단을 초크로 표시한다.

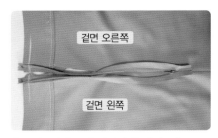

4 콘솔 지퍼를 달 위치에 올려놓는다.

5 콘솔 지퍼의 상단 부분과 시작점을 초크로 표시하여 시침핀으로 고정한다.
★ 왼쪽부터 콘솔 지퍼를 박음질한다.

6 납작하게 다려 놓은 지퍼 끝선을 뒷선 완성선에 바짝 맞춰 박음질한다.
★ 콘솔 지퍼 전용 노루발을 사용하면 편리하고 예쁘게 지퍼를 달 수 있다.

7 지퍼의 갈라진 부분과 뒷선 봉제선 부분이 같도록 핀으로 고정한다.

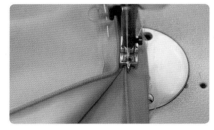

8 오른쪽 지퍼는 아래에서 위로 박음질한다.

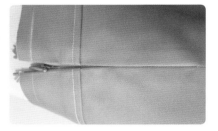

9 지퍼를 박음질한 후 지퍼 아래쪽 슬라이드를 잡아 위쪽으로 올린다.

## (4) 앞판, 뒤판 연결하기

1 앞판, 뒤판의 겉과 겉끼리 옆선을 박음질한 후 우마에 올려 놓고 가름솔로 다림질한다.

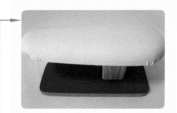

우마

## (5) 안감 만들기

1 앞판 요크 밴드 안단과 안감을 박음질한 후 시접을 아래로 놓고 다림질한다.

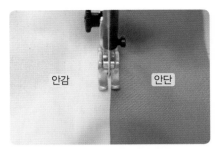

**2** 시접을 안감 쪽으로 내려놓고 0.2cm 폭으로 누름 상침한다.

**3** 뒤판 중심선을 겉과 겉끼리 놓고 박음질한 후 시접을 안감 쪽으로 내려놓고 0.2cm 폭으로 누름 상침한다.
★ 지퍼를 달 부분은 남기고 박음질한다.

누름 상침하는 모습

**4** 앞판, 뒤판의 겉과 겉끼리 옆선을 박음질한 후 우마에 올려놓고 시접은 뒤로 다림질한다.

## (6) 겉감, 안감 연결하기

**1** 현재 겉감에 지퍼가 달린 상태이다. 손으로 지퍼와 안감을 잡아서 안으로 들어간다.
★ 지퍼는 벌어져 있는 상태이다.

지퍼를 단 모습

**2** 안으로 들어가 안감을 위로 올려놓은 상태에서 박음질한다.
★ 지퍼는 벌어져 있는 상태이다.
  쇠 콘솔 노루발에서 일반 노루발로 교체한다.

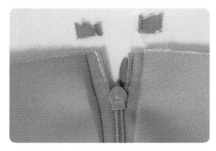

**3** 지퍼에 겉감과 안감을 박음질한 후 상단 위에 있는 지퍼는 가위로 자른다.

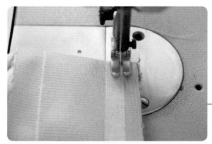

**4** 지퍼를 감싸 손으로 잡은 후 박음질한다.

지퍼를 감싸 손으로 잡은 모습

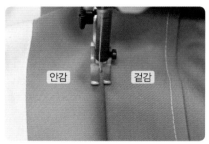

**5** 4에서 박음질한 허리 시접은 안감 쪽으로 내려놓고 사이박음 0.2cm 폭으로 누름 상침한 다음, 우마에 올려놓고 다림질한다.

안감    겉감

다림질하는 모습

**6** 우마에 올려놓고 다림질한 후 겉면에서 장식 스티치 0.3cm로 박음질한다.

장식 스티치 0.3cm로
박음질한 모습

## (7) 몸판과 안감 밑단 정리하기

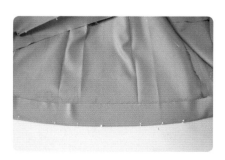

**1** 스커트 밑단을 완성선에 맞추어 다림질한다.

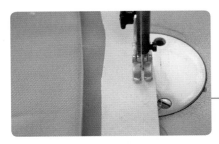

**2** 겉감 밑단에 바이어스테이프를 올려놓고 노루발 반 발 0.5cm 간격으로 박음질한다.
  ★ 폭 3.5cm 바이어스테이프를 준비한다. 소재에 따라 폭 사이즈는 달라진다.

★ 34쪽 바이어스테이프 만들기
  36쪽 바이어스 가름솔 참고

**3** 바이어스테이프로 시접을 감싸 테이프 끝에서 0.1cm 떨어진 위치를 박음질한다.

**4** 스커트 밑단을 완성선에 맞추어 공그르기한다.

★ 26쪽 공그르기 참고

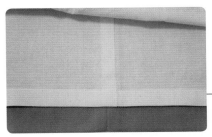

**5** 안감은 겉감의 완성선 위치에서 2.5cm 위를 다림질한 후 말아박기 박음질한다.

**말아박기 순서**
❶ 완성선을 다림질한다.
❷ 다림질한 선의 절반을 접어 박음질한다.

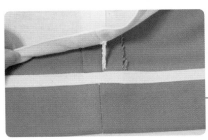

**6** 밑단 옆선 양쪽에 겉감과 안감을 실루프로 연결하여 고정한다.
  ★ 실루프의 길이 : 약 3~4cm

★ 27쪽 실루프 참고

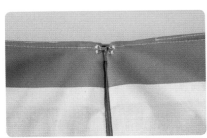

**7** 콘솔 지퍼를 단 위치의 상단 안쪽에서 걸고리를 단다.

# H라인 요크 스커트 만들기

| 작 업 지 시 서 | | 결재 | 디자이너 | 팀 장 | 실 장 | 대 표 |
|---|---|---|---|---|---|---|
| | | | | | | |

ITEM : H라인 요크 스커트

작성일자 : 20    년    월    일

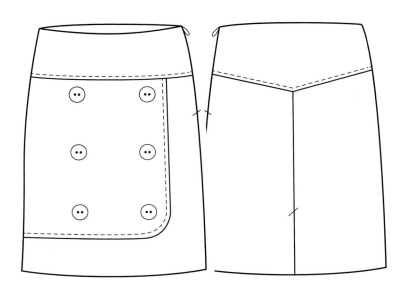

**적용 치수**

허리둘레 : 68cm
엉덩이둘레 : 92cm
엉덩이길이 : 18cm
스커트길이 : 55cm
뒤트임길이 : 13cm

| 봉재 시 유의사항 | 원·부자재 소요량 | | | |
|---|---|---|---|---|
| • 겉감, 안감 식서 방향에 주의하시오. | 자재명 | 규격 | 단위 | 소요량 |
| • 심지는 밀리지 않도록 다림질에 유의하시오. | 겉감 | 110cm | cm | 150 |
| • 장식 스티치는 전체 0.5cm로 하시오. | | | | |
| • 뒤트임 13cm로 하시오. | 안감 | 110cm | cm | 150 |
| • 요크 옆허리선은 9cm 내려오게 하고, 뒤판 요크의 사선 각도 | 심지 | 110cm | cm | 90 |
| 는 비례에 맞게 하시오. | | | | |
| • 허리 요크, 지퍼 다는 부분 심지 작업 및 다대 테이프 붙이기 | 재봉실 | 60s/3합 | com | 1 |
| • 밑단 바이어스 처리 후 공그르기하시오. | 다대 테이프 | 10mm | cm | 200 |
| • 지퍼는 밀리지 않게 다시오. | | | | |
| • 밑단 옆선에 양쪽으로 실고리하시오. | 콘솔 지퍼 | 25mm | EA | 1 |
| • 앞판에 장식용 랩이 달려 있게 하시오. | 단추 | 15mm | EA | 6 |
| • 안감 밑단은 접어박기하시오(겉감 2.5cm 위에 위치). | | | | |
| • size 절대 준수 | 걸고리 | | 쌍 | 1 |

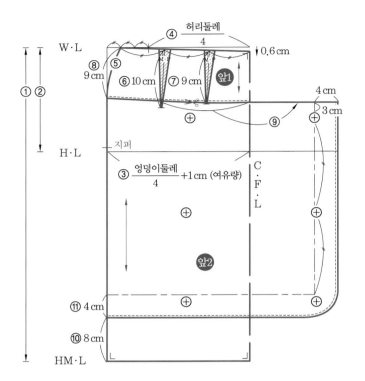

W·L
①②
허리둘레 / 4
④
↓ 0.6 cm
⑧ 9 cm
⑤
⑥ 10 cm
⑦ 9 cm
앞1
⑨
4 cm
3 cm
H·L
지퍼
③ 엉덩이둘레 / 4 +1 cm (여유량)
C·F·L
앞2
⑪ 4 cm
⑩ 8 cm
HM·L

| 적용 치수 | 앞판 |
|---|---|
| | ① 스커트길이 : 55cm |
| | ② 엉덩이길이 : 18cm |

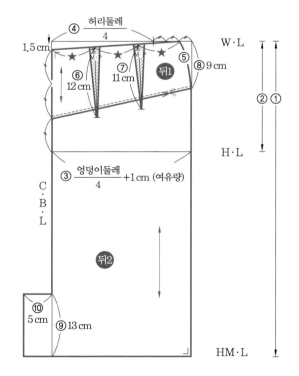

허리둘레 / 4
④
1.5 cm
★ ★ ★ ★
W·L
⑤
⑧ 9 cm
⑥ 12 cm
⑦ 11 cm
뒤1
②①
H·L
③ 엉덩이둘레 / 4 +1 cm (여유량)
C·B·L
뒤2
⑩ 5 cm
⑨ 13 cm
HM·L

| 적용 치수 | 뒤판 |
|---|---|
| | ① 스커트길이 : 55cm |
| | ② 엉덩이길이 : 18cm |

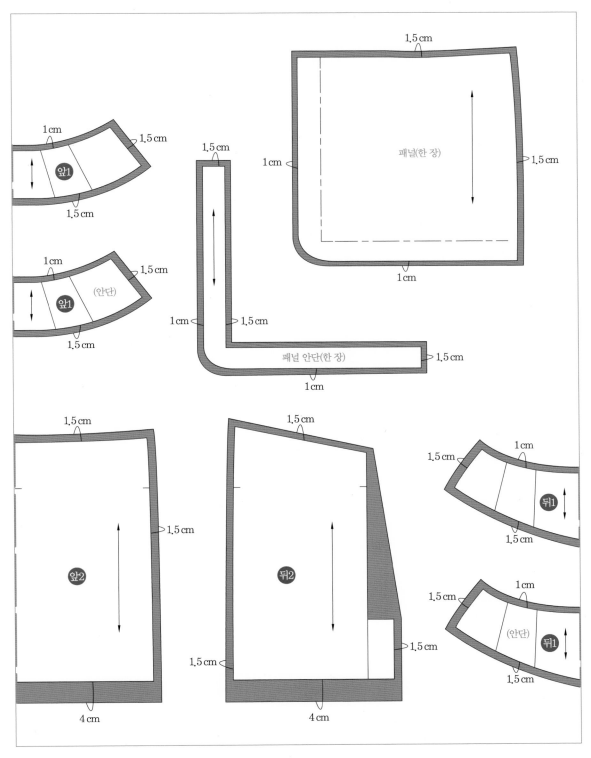

1.5 cm
1 cm
1.5 cm
1.5 cm
앞1
1.5 cm

1.5 cm
1 cm
1.5 cm
1.5 cm
앞1
(안단)
1.5 cm

1.5 cm
1 cm
패널(한 장)
1.5 cm
1 cm

1 cm
1.5 cm
패널 안단(한 장)
1.5 cm
1 cm

1.5 cm
앞2
1.5 cm
4 cm

1.5 cm
뒤2
1.5 cm
4 cm

1.5 cm
1 cm
뒤1
1.5 cm

1.5 cm
1 cm
(안단)
뒤1
1.5 cm

※ 원단의 겉과 겉끼리 식서 방향으로 접어 놓은 상태이다.

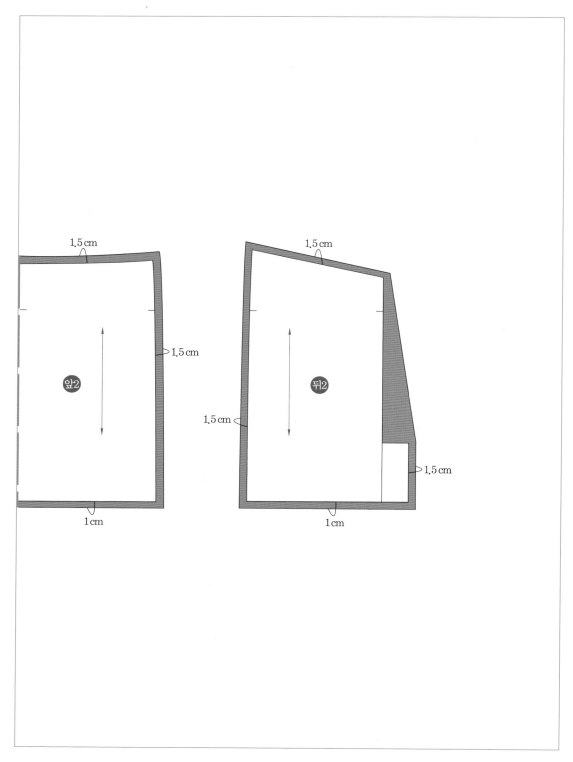

1.5 cm

1.5 cm

1.5 cm

앞2

뒤2

1.5 cm

1.5 cm

1 cm

1 cm

※ 원단의 겉과 겉끼리 식서 방향으로 접어 놓은 상태이다.

# 4  심지 및 테이핑 작업

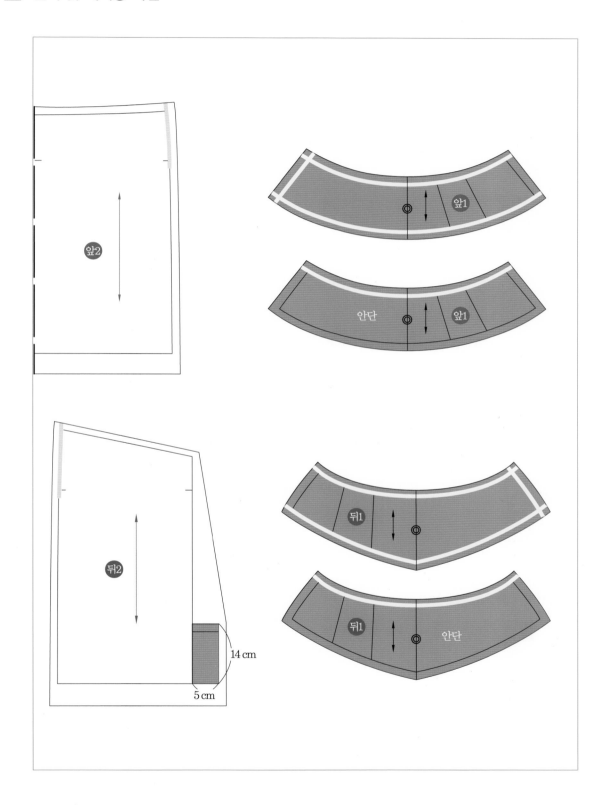

## 5 봉제 작업

### (1) 앞판 만들기

**1** 패널 안단과 패널을 겉과 겉끼리 마주 놓는다.

**2** 패널 안단과 패널을 겉과 겉끼리 마주 보도록 놓고 박음질한다.

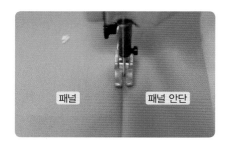

**3** 박음질한 패널 안단과 패널을 겉면에서 시접을 패널 안단 쪽으로 놓고 0.2cm 폭으로 누름 상침한다.

패널 모서리 모습

**4** 패널을 잘 정리하여 다림질한다.

장식 스티치 0.5cm로
박음질한 모습

**5** 패널 겉면에서 장식 스티치 0.5cm로 박음질한다.

확대한 모습

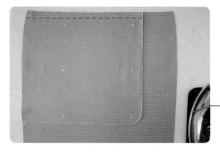

6 앞판 위에 패널을 올려놓고 움직이지 않도록 박음질 또는 시침질로 고정한다.

확대한 모습

7 앞판 요크 밴드와 앞판의 겉과 겉끼리 마주 보도록 박음질한 다음, 시접을 위로 올려놓고 다림질한다.

8 시접을 위로 올려놓은 상태에서 겉면에 장식 스티치 0.5cm로 박음질한다.

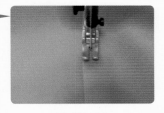

확대한 모습

## (2) 뒤판 만들기

1 뒤판을 겉과 겉끼리 마주 보도록 놓는다.

2 뒤판 왼쪽의 안쪽에 완성선을 초크 또는 실표뜨기로 표시한다.

3 뒤트임에 붙일 심지를 준비한다.
폭 : 5cm, 길이 : 14cm

4 뒤트임에 심지를 대고 다림질한다.

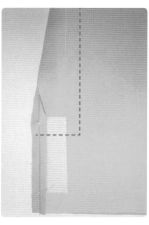

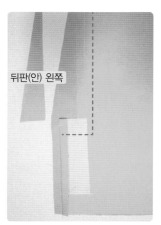

뒤판(안) 왼쪽

**5** 시접을 다림질한 후 움직이지 않도록 핀으로 고정한다.

**6** 뒤중심선 위에서부터 핀으로 고정한 부분까지 박음질한다.

**7** 박음질한 후 한쪽 시접만 가위로 자른다.

**8** 자른 시접 방향으로 자르지 않은 시접을 덮어 다림질한다.

**9** 모서리는 사선으로 가윗집을 준다.

뒤트임 겉면에서 본 모습

**10** 뒤판 요크 밴드와 뒤판의 겉과 겉끼리 마주 보도록 박음질한 다음, 시접을 위로 올려놓고 다림질한다.

겉면 뒤판 요크 밴드

뒤판

**11** 시접을 위로 올려놓은 상태에서 겉면에 장식 스티치 0.5cm로 박음질한다.

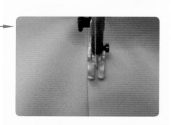

박음질 확대 모습

**12** 앞판, 뒤판의 겉과 겉끼리 옆선을 박음질한 후 우마에 올려놓고 가름솔로 다림질한다.

## (3) 콘솔 지퍼 달기

**1** 콘솔 지퍼를 벌린 후 톱니를 펴서 납작하게 다림질한다.
&#9733; 다림질한 후 지퍼를 올리지 않는다.

**2** 지퍼 상단을 손으로 꺾어 초크로 표시한다.

**3** 콘솔 지퍼를 달 위치에 올려놓는다.

**4** 콘솔 지퍼의 상단 부분과 시작점을 초크로 표시하여 시침핀으로 고정한다.
&#9733; 왼쪽부터 콘솔 지퍼를 박음질한다.

**5** 납작하게 다림질한 지퍼 끝선을 옆선 완성선에 맞춰 박음질한다.

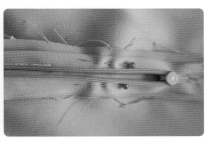

**6** 지퍼의 갈라진 부분과 옆선 봉제선 부분이 같도록 핀으로 고정한다.

**7** 오른쪽 지퍼는 아래에서 위로 박음질한다.
&#9733; 왼쪽은 위에서 아래로, 오른쪽은 아래에서 위로 박음질한다.

**8** 지퍼를 박음질한 후 지퍼 아래쪽 슬라이드를 잡아 위쪽으로 올린다.

쇠 콘솔 노루발

---

**tip**    **쇠 콘솔 노루발**

콘솔 지퍼 전용 노루발(쇠 콘솔 노루발)을 사용하면 편리하고 예쁘게 지퍼를 달 수 있다.

## (4) 안감 만들기

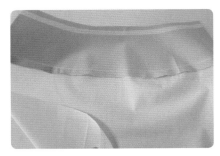

**1** 앞판 요크 밴드 안단과 안감을 박음질한 후 시접을 아래로 다림질한다.

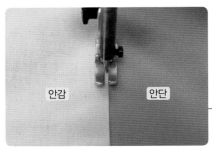

안감    안단

**2** 시접을 안감 쪽으로 내려놓고 0.2cm 폭으로 누름 상침한다.

확대한 모습

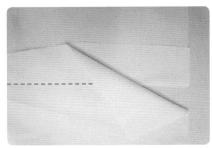

**3** 뒤중심선을 박음질한다.
★ 트임 부분은 박음질하지 않는다.

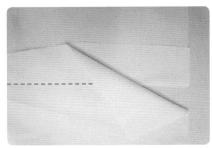

**4** 뒤판 요크 밴드 안단과 안감을 박음질한 후 시접을 아래로 다림질한다.

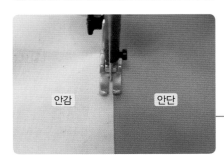

안감    안단

**5** 시접을 안감 쪽으로 내려놓고 0.2cm 폭으로 누름 상침한다.

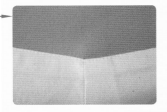

확대한 모습

**6** 앞판, 뒤판의 겉과 겉끼리 옆선을 박음질한 후 우마에 올려놓고 시접은 뒤판 쪽으로 다림질한다.

지퍼를 달 부분은 남기고 박음질한다.

## (5) 겉감, 안감 연결하기

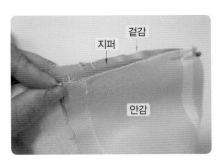

겉감
지퍼
안감

**1** 현재 겉감에 지퍼가 달린 상태이다. 손으로 지퍼와 안감을 잡아서 안으로 들어간다.
★ 지퍼는 벌어져 있는 상태이다.

안감

**2** 안으로 들어가 안감을 위로 올려놓은 상태에서 박음질한다.
★ 지퍼는 벌어져 있는 상태이다.

쇠 콘솔 노루발에서 일반 노루발로 교체한다.

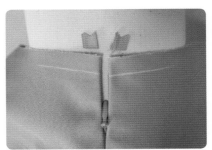

**3** 지퍼에 겉감과 안감을 박음질한 후 상단 위에 있는 지퍼는 가위로 자른다.

**4** 지퍼를 감싸 손으로 잡은 후 박음질한다.

지퍼를 감싸 손으로 잡은 모습

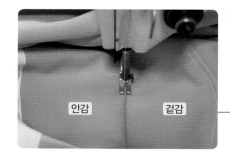

5 4에서 박음질한 허리 시접은 안감 쪽으로 내려놓고 사이박음 0.2cm 폭으로 누름 상침한 후 우마에 올려놓고 다림질한다.

다림질하는 모습

## (6) 몸판과 안감 밑단 정리하기

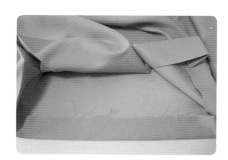

1 스커트 밑단을 완성선에 맞추어 다림질한다.

2 뒤트임 넓은 시접을 겉과 겉끼리 마주 놓고 핀으로 꽂아 놓은 완성선을 박음질한다.

3 밑단 완성선에 가로로 박음질한 후 뒤집는다.

안에서 본 왼쪽 뒤트임

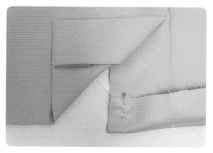

4 뒤트임 좁은 시접을 겉과 겉끼리 마주 놓고 핀으로 꽂아 놓은 완성선을 박음질한다.

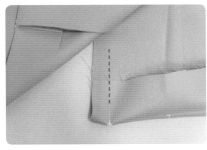

5  세로로 박음질한 후 뒤집는다.

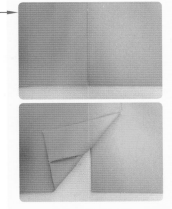

뒤트임 완성(겉면)

6  뒤트임 완성(안쪽)

바이어스테이프 연결 방법

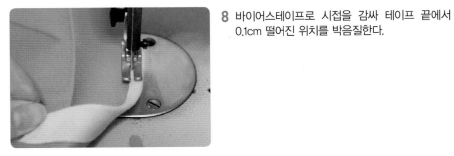

7  겉감 밑단에 바이어스테이프를 올려놓고 노루발
　　반 발 0.5cm 간격으로 박음질한다.
　　★ 폭 3.5cm 바이어스테이프를 준비한다.
　　　 소재에 따라 폭 사이즈는 달라진다.

8  바이어스테이프로 시접을 감싸 테이프 끝에서
　　0.1cm 떨어진 위치를 박음질한다.

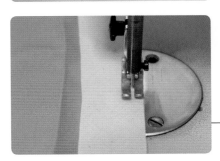

★ 34쪽 바이어스테이프 만들기
　 36쪽 바이어스 가름솔 참고

9  스커트 밑단을 완성선에 맞추어 공그르기한다.

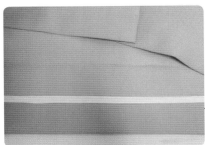

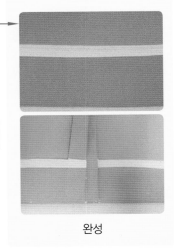

완성

**10** 안감은 겉감 완성선 위치에서 2.5cm 위를 다림
질한 후 말아박기 박음질한다.

→ 말아박기 순서

❶ 완성선을 다림질한다.
❷ 다림질한 선의 절반을 접어
박음질한다.

**11** 뒤트임 시접을 잘 정리하여 공그르기한다.

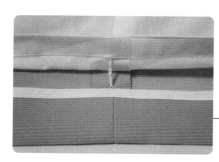

**12** 밑단 옆선 양쪽에 겉감과 안감을 실루프로 연결
하여 고정한다.
★ 실루프의 길이 : 약 3~4cm

→ ★ 27쪽 실루프 참고

(7) 앞 중심 양쪽으로 비례하게 단추 달기

→ ★ 29쪽 구멍이 있는 단추 달기
참고

---

**tip** **단추와 단춧구멍**

단추와 단춧구멍은 모양이나 단추를 다는 위치에 따라 기능적인 면이나 장식적인 면에서 다양하게 디자인 연출을 할 수 있다.

# 팬츠 만들기

- 팬츠 제도에 필요한 용어
- 팬츠 그리기
- 일자형 팬츠 만들기
- 배기팬츠 만들기

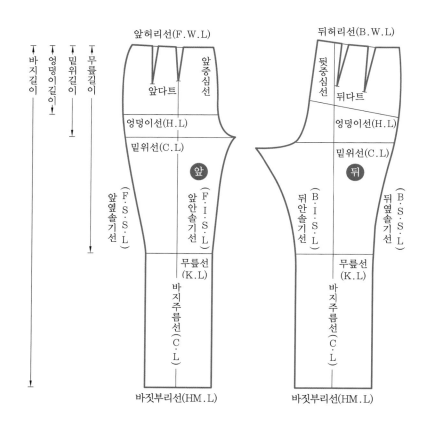

**팬츠 제도에 필요한 용어**

| 용어 | 약어 | 영어 | 용어 | 약어 | 영어 |
|------|------|------|------|------|------|
| 허리선 | W.L | Waist Line | 뒤안솔기선 | B.I.S.L | Back In Seam Line |
| 엉덩이선 | H.L | Hip Line | 앞옆솔기선 | F.S.S.L | Front Side Seam Line |
| 밑위선 | C.L | Crotch Line | 뒤옆솔기선 | B.S.S.L | Back Side Seam Line |
| 무릎선 | K.L | Knee Line | 바지주름선 | C.L | Crease Line |
| 다트 | Dart | Dart | 바짓부리선 | HM.L | Hem Line |
| 앞안솔기선 | F.I.S.L | Front In Seam Line | | | |

# 2 팬츠 그리기

| 적용 치수 | 허리둘레 : 68cm | 엉덩이길이 : 18cm | 바지길이 : 100cm |
|---|---|---|---|
| | 엉덩이둘레 : 92cm | 바지밑단둘레 : 40cm | 무릎길이 : 53cm |

**앞판**

❶
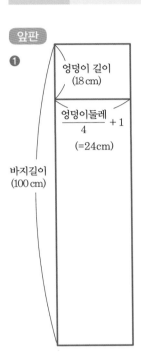

엉덩이 길이
(18 cm)

$\dfrac{엉덩이둘레}{4} + 1$
(=24cm)

바지길이
(100 cm)

❷ 밑위 길이 :
$\dfrac{엉덩이둘레}{4} + 2$
(=25cm)

무릎길이
(53 cm)

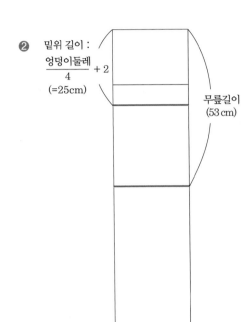

❸
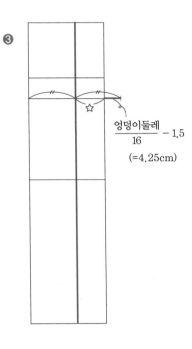

$\dfrac{엉덩이둘레}{16} - 1.5$
(=4.25cm)

❹
1 cm
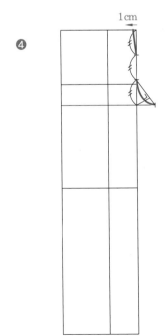

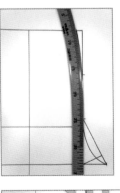

자 사용법(❹)

❺

$\triangle + 1 = 10\,cm$

$\dfrac{밑단둘레}{4} - 1$ (=9cm)

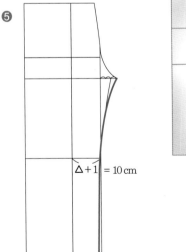

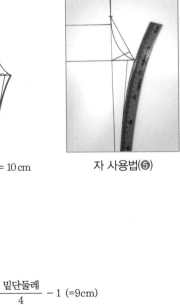

자 사용법(❺)

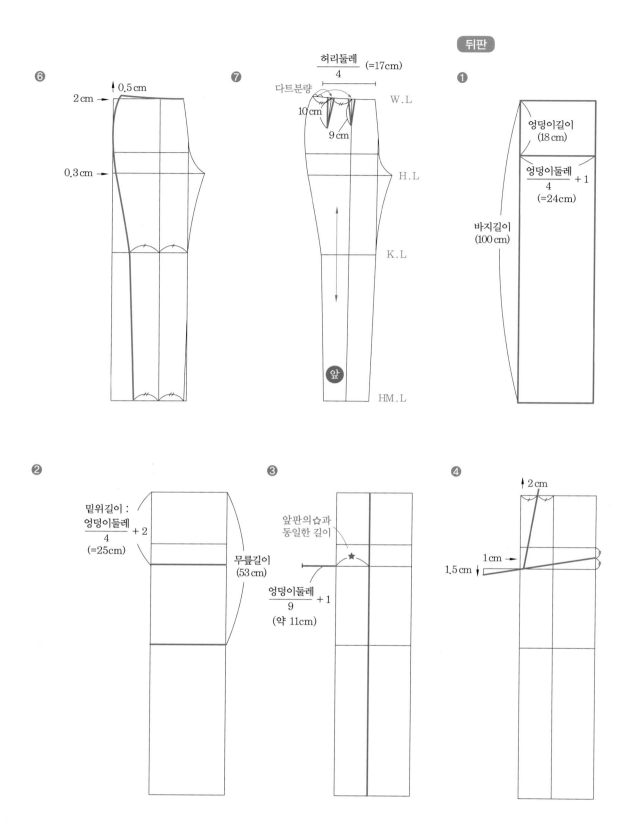

**6**

↑ 0.5 cm
2 cm →
0.3 cm →

**7**

$\dfrac{허리둘레}{4}$ (=17cm)

다트분량

10 cm

9 cm

W.L

H.L

K.L

앞

HM.L

뒤판

**1**

엉덩이길이
(18cm)

$\dfrac{엉덩이둘레}{4} + 1$
(=24cm)

바지길이
(100 cm)

**2**

밑위길이 :
$\dfrac{엉덩이둘레}{4} + 2$
(=25cm)

무릎길이
(53 cm)

**3**

앞판의 ☆과
동일한 길이

★

$\dfrac{엉덩이둘레}{9} + 1$
(약 11cm)

**4**

↑ 2 cm

1 cm →

1.5 cm ↓

❺

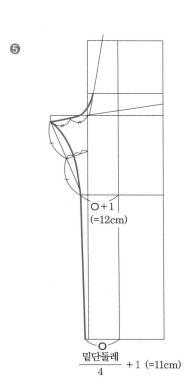

○ +1
(=12cm)

$\dfrac{밑단둘레}{4}$ + 1 (=11cm)

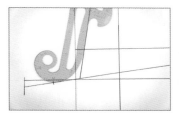

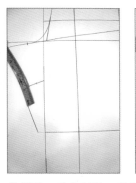

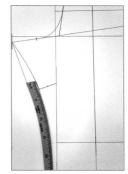

한 번에 그려지지 않는 라인은 자의 방향을 바꾸어 두
번에 걸쳐 그린다(❺).

❻

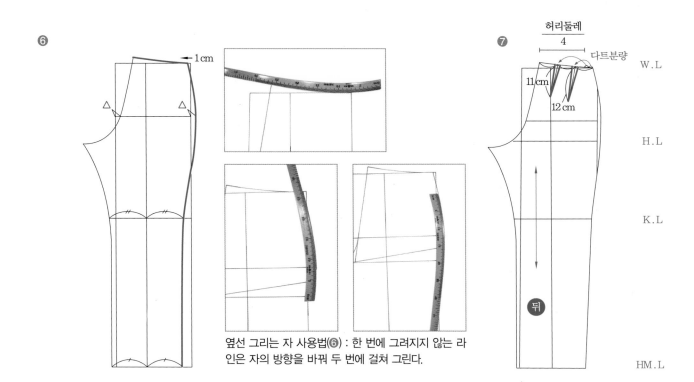

옆선 그리는 자 사용법(❻) : 한 번에 그려지지 않는 라
인은 자의 방향을 바꿔 두 번에 걸쳐 그린다.

1cm

△          △

❼

$\dfrac{허리둘레}{4}$

다트분량

W.L

11cm

12cm

H.L

K.L

뒤

HM.L

| 작 업 지 시 서 | 결재 | 디자이너 | 팀 장 | 실 장 | 대 표 |
|---|---|---|---|---|---|
| | | | | | |

| ITEM : 일자형 팬츠 | 작성일자 : 20   년   월   일 |
|---|---|

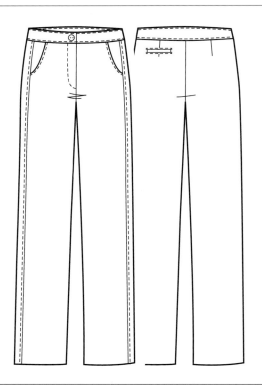

**적용 치수**

허리둘레 : 68cm
엉덩이둘레 : 92cm
엉덩이길이 : 18cm
밑위길이 : 25cm
바지밑단둘레 : 38cm
바지길이 : 92cm

| 봉재 시 유의사항 | 원·부자재 소요량 | | | |
|---|---|---|---|---|
| • 겉감 식서 방향에 주의하시오. | 자재명 | 규격 | 단위 | 소요량 |
| • 심지는 밀리지 않도록 다림질에 유의하시오. | 겉감 | 110cm | cm | 220 |
| • 장식 스티치는 전체 0.5cm로 하시오. | | | | |
| • 벨트, 포켓부분 심지 작업 및 다대 테이프 붙이기 | 심지 | 110cm | cm | 90 |
| • 지퍼는 밀리지 않게 다시오. | | | | |
| • 밑단 시접은 끝박음하여 새발뜨기하시오. | 재봉실 | 60s/3합 | com | 1 |
| • 단춧구멍 버튼홀 스티치 2.5cm로 하시오. | | | | |
| • 벨트는 허리선에서 2cm 내린 위치에서 골반 벨트로 하시오. | 다대 테이프 | 10mm | cm | 200 |
| • 주머니는 통솔로 하시오. | | | | |
| • 옆선 라인은 3cm로 하시오. | 단추 | 20mm | EA | 1 |
| • 앞판 사선 포켓은 15cm 길이로 하시오. | | | | |
| • size 절대 준수 | 바지 지퍼 | 23mm | EA | 1 |

# 1 패턴 설계도

| 적용 치수 | 앞판 | 뒤판 |
|---|---|---|
| | ① 바지길이 : 92cm | ① 바지길이 : 92cm |
| | ② 엉덩이길이 : 18cm | ② 엉덩이길이 : 18cm |
| | ③ 밑위길이 : $\dfrac{\text{엉덩이둘레}}{4}$ + 1cm | ③ 밑위길이 : $\dfrac{\text{엉덩이둘레}}{4}$ + 1cm |
| | ④ 무릎길이 : 55cm | ④ 무릎길이 : 55cm |

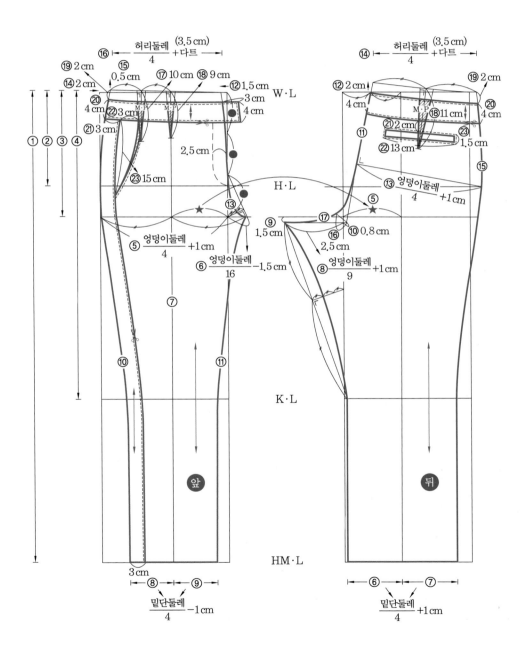

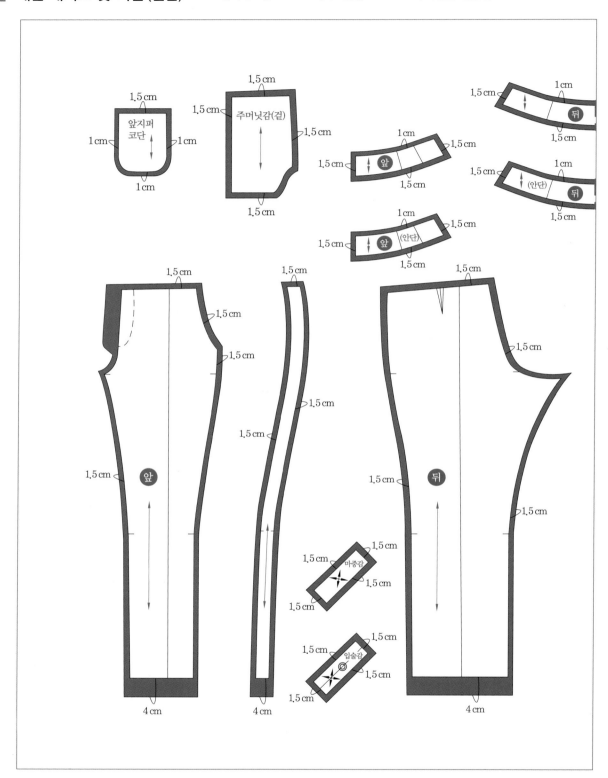

※ 원단의 겉과 겉끼리 식서 방향으로 접어 놓은 상태이다.

## ③ 패턴 배치도 및 시접(안감)

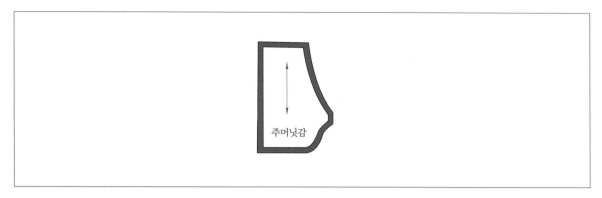

※ 원단의 겉과 겉끼리 식서 방향으로 접어 놓은 상태이다.

## ④ 심지 및 테이핑 작업

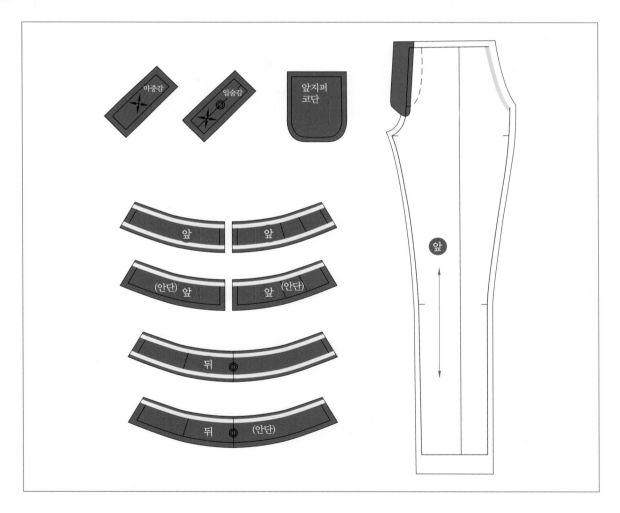

# 5 봉제 작업

## (1) 앞판 주머니 만들기

**1** 주머니 입구에 심지를 접착한다.

**2** 주머니 안감과 앞판을 겉과 겉끼리 마주 보도록 놓는다.

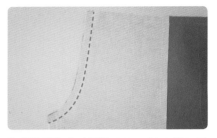
**3** 박음질한 후 시접을 0.5cm 남겨 두고 자른다.

**4** 주머니 안감을 넘긴다.

**5** 시접은 주머니 안감 쪽으로 놓고 0.1~ 0.2cm로 박음질한다.

**6** 주머니 안감을 넘겨 앞판과 주머니 안감을 다림질한다.

**7** 주머니 입구에서 장식 스티치 0.5cm로 박음질한다.

**8** 안쪽을 보게 한다.

**9** 주머니 겉감을 준비한다.

**10** 주머니 겉감과 주머니 안감을 안과 안끼리 놓고 핀으로 고정한다.
★ 주머니 통솔로 한다.
38쪽 통솔 참고

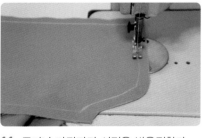
**11** 주머니 가장자리 시접을 박음질한다.

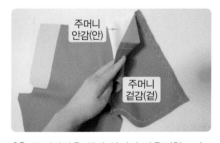
**12** 주머닛감을 안과 안끼리 박음질한 모습

**13** 시접을 0.4cm 남기고 자른다.

**14** 주머닛감을 뒤집는다.

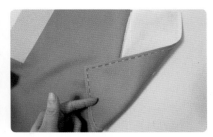

**15** 0.7cm 폭으로 박음질한다.

**16** 주머니 겉감을 앞판과 잘 정리한다.

**17** 주머닛감과 앞판을 어슷시침으로 고정한다.

**18** 완성(안)

## (2) 앞판 만들기

**1** 앞판과 앞판 절개의 겉과 겉끼리 놓고 박음질한다.

**2** 앞판 절개의 한쪽 시접은 남기고 한쪽 시접만 0.3cm 남기고 자른다.
★ 한쪽 시접은 잘리지 않도록 주의한다.

**3** 자르지 않은 한쪽 시접을 가지고 0.3cm로 자른 시접을 감싸 다림질한 후 0.1cm로 박음질한다.
★ 쌈솔 처리 박음질한다.

★ 37쪽 쌈솔 참고

─── 앞판 절개 (겉) ─── ↑      ─── 앞판 절개 (안) ─── ↑

## (3) 지퍼 달기

**1** 앞판을 겉과 겉끼리 놓고 박음질한다.

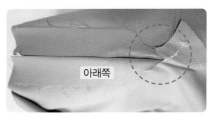

**2** 박음질한 시접 중 아래쪽 시접 하나만 0.5cm 남기고 가윗집을 준다.

**3** 중심선 0.3~0.4cm 시접 안쪽에서 다림 질한다.

**4** 코단을 준비한다.
   ★ 심지를 부착한 모습

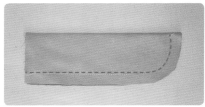

**5** 코단을 반으로 접어 겉과 겉끼리 박음질 한다.

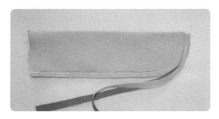

**6** 시접을 0.5cm 남기고 자른다.

**7** 모서리는 가윗집을 준다.

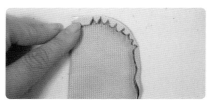

**8** 시접을 안으로 접어 다림질한다.

**9** 뒤집은 후 다림질한다.

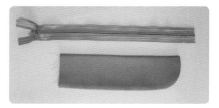

**10** 지퍼와 코단을 준비한다.

**11** 코단 끝에 지퍼를 올려놓고 노루발 반 발 0.5cm 간격으로 박음질한다.

**12** 앞판 오른쪽에 지퍼 + 코단을 시침핀이 나 시침실로 고정한다.

**13** 고정한 지퍼 위로 0.2cm 간격으로 누름 상침한다.

**14** 박음질한 모습

**15** 앞판 왼쪽에 심지를 부착한 모습
★ 심지 폭 : 0.5cm

**16** 오른쪽 앞판 위로 왼쪽 앞판이 0.3~ 0.4cm 겹치도록 한다.

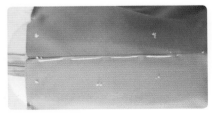

**17** 시침실로 고정한다.

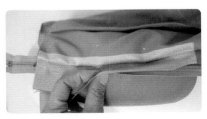

**18** 심지를 부착한 앞판 왼쪽 시접과 지퍼 를 손으로 잡는다.

**19** 박음질한다.

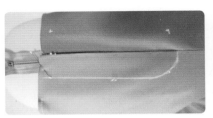

**20** 지퍼 장식선을 초크로 그리고 시침실을 제거한다.

**21** 코단은 박히지 않게 젖혀 놓고 지퍼 장 식선을 따라 박음질한다.

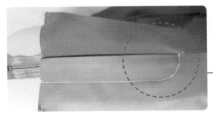

**22** 완성

→ 이 부분은 코단이 박음질되어 있 어도 좋다.

### (4) 뒤판 만들기

**1** 뒤판 다트를 박음질한다.

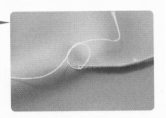

다트 끝부분은 실로 매듭을 지 어 풀리지 않도록 세 번 묶어 준다.

## (5) 홀 입술 주머니 만들기

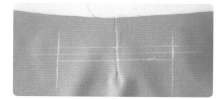

**1** 주머니를 만들 위치에 표시한다.

**2** 주머니보다 심지를 크게 부착한다.
★ 가로 17cm, 세로 5cm가 적당하다.

**3** 입술감에 심지를 부착한다.

**4** 입술감을 반으로 접는다.

**5** 주머니 아랫선에 입술감을 핀이나 시침실로 고정한 후 시작점과 끝점을 되돌려박기하고 박음질한다.

**6** 마중감을 준비한다.

**7** 주머니 윗선에 마중감을 핀이나 시침실로 고정한 후 시작점과 끝점을 되돌려박기하고 박음질한다.

**8** 입술감 사이 중앙선을 ⟩──⟨ 모양으로 자른다.
★ 삼각 모양을 잘 잘라야 한다.

**9** 마중감 안쪽 잘라 놓은 ⟩──⟨ 모양과 시접을 갈라 다림질한다.

**10** 뒤판 겉에서 입술감을 잘 정리하여 다림질한다.

**11** 뒤판을 젖혀 놓고 주머니 끝 양쪽 삼각 부분을 입술감과 마중감을 함께 고정 박음질한다.

**12** 끝박음 스티치한다.

## (6) 앞판, 뒤판 연결하기

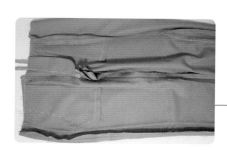

**1** 앞판, 뒤판의 겉과 겉끼리 옆선과 안선을 박음질한 후 우마에 올려놓고 가름솔로 다림질한다.

우마

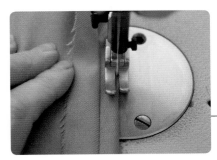

**2** 옆선과 안선의 시접을 접어박기한다.

★ 35쪽 접어박기 가름솔 참고

**3** 뒤판의 겉과 겉끼리 놓고 시침핀이나 시침실로 고정한 후 밑위를 박음질한다.

시침핀으로 고정한 모습

**4** 가름솔로 박음질한 후 시접을 접어박기한다.

★ 35쪽 접어박기 가름솔 참고

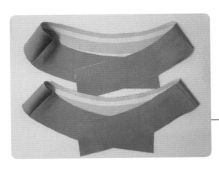

**5** 요크 밴드를 앞판과 뒤판을 박음질하여 연결한 모습

겉감
안단

뒤판 요크 밴드

**6** 겉감과 안단의 겉과 겉끼리 마주 놓는다.

겉감
안단

앞판 요크 밴드
★ 심지를 부착한 후 테이핑 처리를 한 모습

7 허리선을 박음질한다.
★ 자석 받침(자석 조기)을 부착하여 박음질하면 편리하다.

자석 받침
노루발 옆에 부착하여 옷감의 일정한 시접양 폭을 원할 때 사용한다.

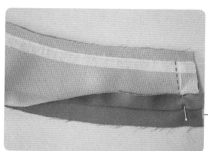

8 안단 시접 1cm를 접어 박음질한다.

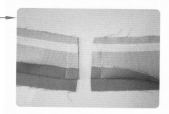

양쪽을 박음질한 모습

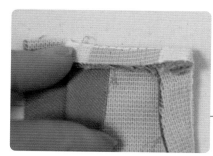

9 시접을 접어 뒤집은 후 다림질한다.

뒤집은 모습

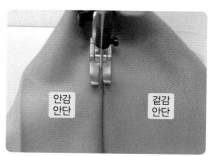

안감
안단

겉감
안단

10 7에서 박음질한 허리를 시접은 안단 쪽으로 하고 사이박음 0.2cm 폭으로 누름 상침한다.

11 우마에 올려놓고 다림질한다.

**12** 안단 시접을 1cm 안으로 접어 다림질한다.

다림질한 모습

**13** 앞판, 뒤판과 요크 밴드를 겉과 겉끼리 놓고 시침핀이나 시침실로 고정한다.
★ **12**의 안단 시접을 1cm 안으로 접어 다림질 안한 쪽과 고정한다.

모서리 부분이 잘 맞게 고정해야 한다.

**14** 박음질한다.
★ 자석 받침을 부착하여 박음질하면 편리하다.

박음질한 모습

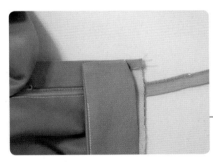

**15** 지퍼를 가위로 자른다.

가위로 자른 모습

**16** **12**에서 1cm 안으로 접어 다림질한 요크 밴드를 넘긴다.

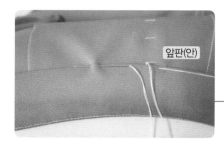

**17** 시침실로 안단 쪽에서 앞판, 뒤판과 요크 밴드를 고정한다.

시침실

**18** 사이박음 0.2cm 폭으로 누름 상침한다.
★ 요크 밴드 안단이 박음질되어야 한다.

요크 밴드 겉

요크 밴드 안

**19** 장식 스티치 0.5cm로 박음질한다.

## (7) 밑단 정리하기

**1** 완성선에 맞추어 밑단을 다림질한다.

★ 41쪽 끝말아박기 참고

**2** 0.2cm 폭으로 끝박음질한다.

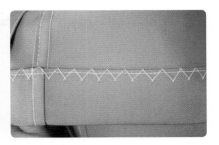

**3** 안쪽으로 접어서 0.2~0.3cm 폭으로 끝 박음질한다.

**4** 밑단을 완성선에 맞추어 안으로 접는다.

**5** 새발뜨기한다. ★ 26쪽 새발뜨기 참고

(8) 버튼홀 스티치 단춧구멍을 만들고 단추 달기

★ 32쪽 버튼홀 스티치 참고

## 6 완성 작품

**4** 배기팬츠 만들기

| 작 업 지 시 서 | 결재 | 디자이너 | 팀 장 | 실 장 | 대 표 |
|---|---|---|---|---|---|
| | | | | | |

ITEM : 배기팬츠 　　　　　　　　　　　　작성일자 : 20　년　월　일

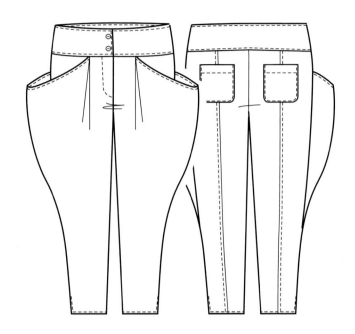

**적용 치수**

허리둘레 : 74cm
엉덩이둘레 : 92cm
엉덩이길이 : 18cm
밑위길이 : 22cm
바지밑단둘레 : 34cm
바지길이 : 80cm

| 봉재 시 유의사항 | 원·부자재 소요량 |
|---|---|

봉재 시 유의사항:

- 겉감 식서 방향에 주의하시오.
- 심지는 밀리지 않도록 다림질에 유의하시오.
- 장식 스티치는 전체 0.5cm로 하시오.
- 벨트, 포켓부분 심지 작업 및 다대 테이프 붙이기
- 지퍼는 밀리지 않게 다시오.
- 밑단 시접은 한번 접어 공그르기하시오.
- 단춧구멍 버튼홀 스티치 2.5cm로 위에서 하나만 만들고 단추는 모두 다시오.
- 팬츠 옆트임은 밑단에서 5cm로 하시오.
- 요크 너비는 6cm로 하시오.
- 주머니 옆선을 살려 사용할 수 있게 깊이 35cm로 옆선 쪽으로 외주름을 넣으시오.
- size 절대 준수

원·부자재 소요량:

| 자재명 | 규격 | 단위 | 소요량 |
|---|---|---|---|
| 겉감 | 110cm | cm | 220 |
| 심지 | 110cm | cm | 90 |
| 재봉실 | 60s/3합 | com | 1 |
| 다대 테이프 | 10mm | cm | 200 |
| 단추 | 20mm | EA | 2 |
| 바지 지퍼 | 23mm | EA | 1 |

# 1 패턴 설계도 (앞판)

| 적용 치수 | ① 바지길이 : 80cm | ③ 밑위길이 : $\dfrac{엉덩이둘레}{4}+1cm$ |
|---|---|---|
| | ② 엉덩이길이 : 18cm | ④ 무릎길이 : 55cm |

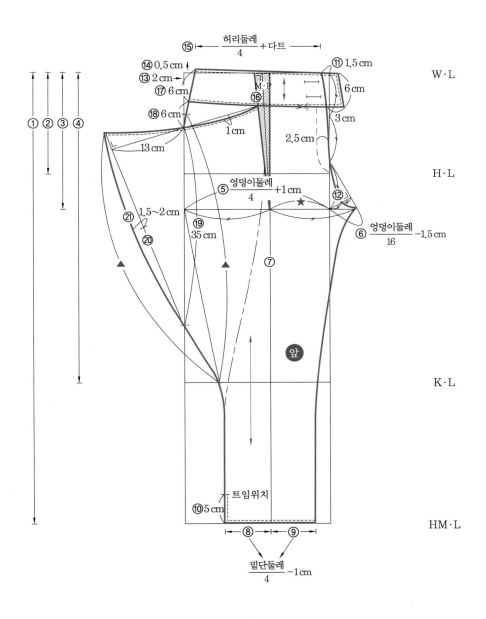

| 적용 치수 | ① 바지길이 : 80cm | ④ 무릎길이 : 55cm |
| | ② 엉덩이길이 : 18cm | ⑤ 앞판과 동일 (바지주름) |
| | ③ 밑위길이 : $\dfrac{엉덩이둘레}{4}$ +1cm | |

⑮ $\dfrac{허리둘레}{4}$ $\overset{(3\,cm)}{+다트}$

⑫ 2 cm

⑭ 1 cm

W·L

M·B
⑱

⑲ 6 cm

⑳ 2 cm
⑪

㉓ 3 cm

㉒ 15 cm

㉑ 13 cm

H·L

⑧ $\dfrac{엉덩이둘레}{9}$ +1cm

⑯ 2.5 cm

⑬ $\dfrac{엉덩이둘레}{4}$ +1cm

⑨ 1.5 cm

⑤
★

⑩ 0.8 cm

뒤

⑰

① ② ③ ④

K·L

트임위치

5 cm

HM·L

⑥ ⑦

$\dfrac{밑단둘레}{4}$ +1cm

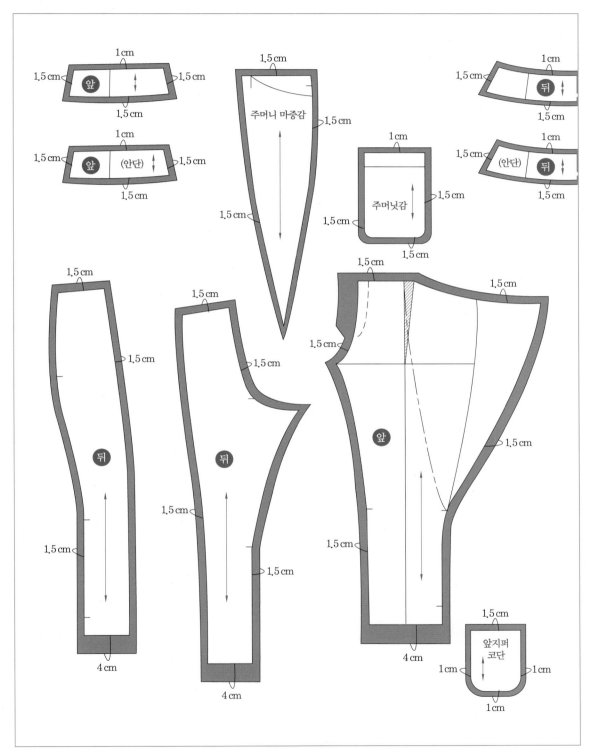

※ 원단의 겉과 겉끼리 식서 방향으로 접어 놓은 상태이다.

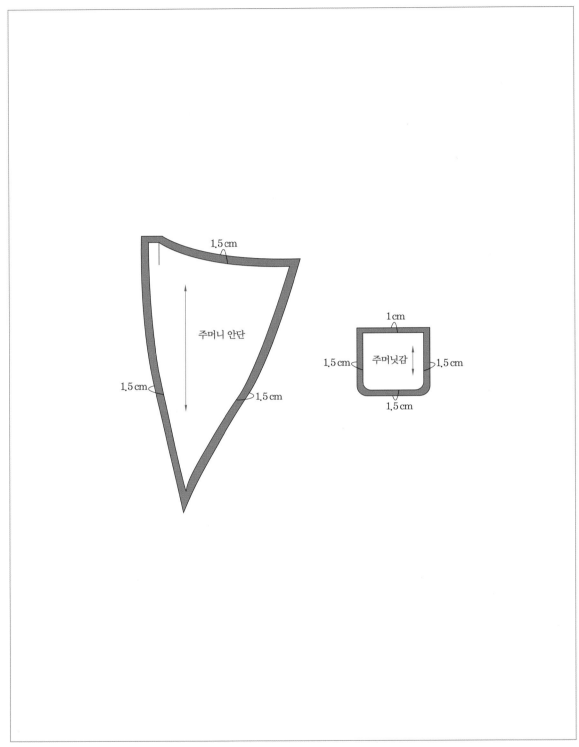

1.5 cm

주머니 안단

1.5 cm

1.5 cm

1 cm

주머닛감

1.5 cm

1.5 cm

1.5 cm

※ 원단의 겉과 겉끼리 식서 방향으로 접어 놓은 상태이다.

심지 및 테이핑 작업

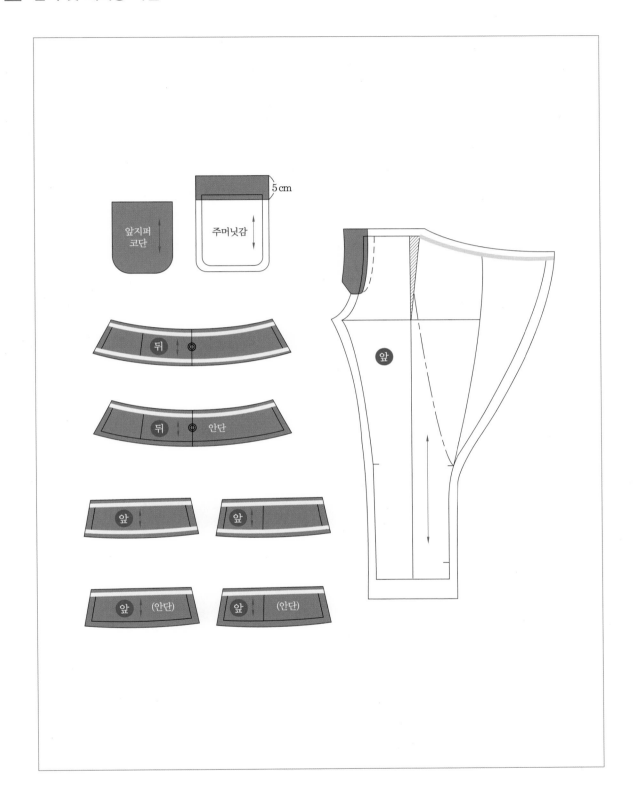

## 6 봉제 작업

### (1) 앞판 주머니 만들기

1 앞판 안쪽에서 주머니 입구에 테이핑 작업을 한다.

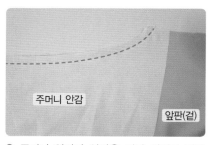

2 주머니 안감과 앞판을 겉과 겉끼리 마주 놓고 박음질한다.

3 주머니 안감을 넘긴다.

4 시접은 주머니 안감 쪽으로 놓고 0.2cm 로 박음질한다.

5 0.2cm 폭으로 박음질한 모습

6 주머니 안감을 넘겨 앞판과 주머니 안감을 다림질한다.
★ 곡선 부분에는 가윗집을 준다.

7 다림질한 앞판(겉)

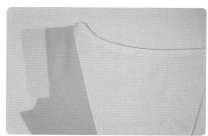

8 다림질한 앞판(안)

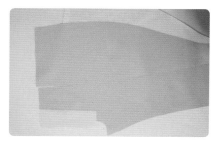

9 주머니 겉감을 준비한다.

10 주머니 겉감과 주머니 안감을 안과 안끼리 놓고 핀으로 고정한다.
★ 주머니는 통솔로 한다.
  38쪽 통솔 참고

11 주머니 가장자리 시접을 박음질한 후 시접을 0.4cm 남기고 자른다.

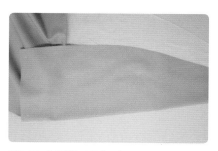

12 주머닛감을 뒤집는다.
★ 주머니는 안감이 주머니 겉감보다 크다.

13 0.7cm 폭으로 박음질한다.

14 주머니 입구에서 장식 스티치 0.5cm로 박음질한다.

15 옆선에서 앞판 + 주머니 안감 + 주머니 겉감을 시침핀이나 시침실로 고정한다.

16 15를 시접 0.5cm로 같이 박음질한다.

## (2) 지퍼 달기

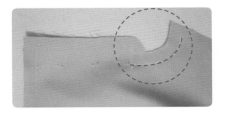

1 앞판을 겉과 겉끼리 놓고 박음질한다.

2 앞판(겉) 오른쪽 지퍼 달림 시접을 1.5cm 남기고 자른다.

3 1에서 박음질한 두 겹의 시접 중 2에서 자른 쪽 시접 하나만 0.5cm 남기고 가윗집을 준다.

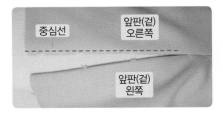

4 중심선에서 0.3~0.4cm 시접 안쪽에서 다림질한다.

5 코단을 준비한다.
★ 심지를 부착한 모습

6 코단을 반으로 접어 겉과 겉끼리 박음질한다.

7 시접을 0.5cm 남기고 자른 후 모서리는 가윗집을 준다.

8 시접을 안으로 접어 다림질한다.

9 뒤집은 후 다림질한다.

**10** 지퍼와 코단을 준비한다.

**11** 코단 끝에 지퍼를 올려놓고 노루발 반 발 0.5cm 간격으로 박음질한다.

**12** 앞판 오른쪽에 지퍼+코단을 시침핀이나 시침실로 고정한다.

**13** 고정해 놓은 지퍼 위로 0.2cm 간격으로 누름 상침한다.

**14** 오른쪽 앞판 위로 왼쪽 앞판이 0.3∼0.4cm 겹치도록 한다.

**15** 시침실로 고정한다.

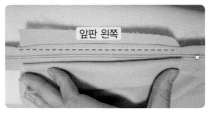

**16** 심지를 부착한 앞판 왼쪽 시접과 지퍼를 박음질한다.

**17** 지퍼 장식선을 초크로 그린 후 시침실을 제거한다.

**18** 코단이 박히지 않도록 주의하면서 지퍼 장식선을 따라 박음질한다.

**19** 완성

## (3) 뒤판 만들기

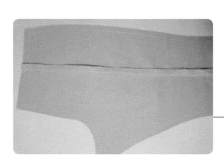

**1** 절개된 뒤판을 겉과 겉끼리 놓고 박음질한다.

중심선 기점으로
절개된 뒤판 모습

**2** 시접을 뒤판 옆선 쪽으로 다림질한다.

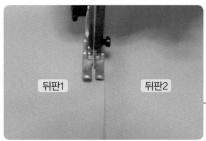

뒤판1   뒤판2

**3** 시접을 뒤판1 쪽으로 놓은 상태에서 장식 스티치 0.5cm로 박음질한다.

뒤판1   뒤판2

중심선에 장식 스티치한 모습

**4** 뒤판 주머니 위치에 주머니를 올려놓고 어슷시침 하여 뒤판에 고정한다.

★ (4) 뒤판 주머니(아웃포켓) 만들기 참고

**5** 장식 스티치 0.5cm로 박음질한다.

## (4) 뒤판 주머니(아웃포켓) 만들기

주머니 안단

주머닛감   주머니 안감

**1** 주머닛감과 주머니 안감을 준비한다.
    ★ 주머니 안단에 심지를 부착한다.

창구멍

**2** 주머닛감과 주머니 안감의 겉과 겉끼리 놓고 박음질한다.
    ★ 창구멍은 박음질하지 않는다.

주머니 입구선

**3** 주머니 입구선을 꺾은 후 다림질한다.

**4** 주머닛감과 주머니 안감의 겉과 겉끼리 놓고 주머니 모양대로 박음질한다.
  ★ 시접은 0.5cm 남기고 자른다.

**5** 시접을 주머니 안감 쪽으로 접어 다림질한다.

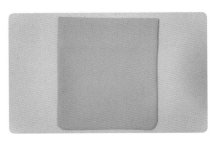

**6** 창구멍으로 주머니를 뒤집어 준다.

**7** 다림질한다.

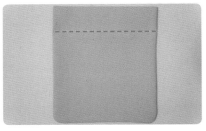

**8** 3cm 안단에 박음질한다.

**9** 안단에 박음질하지 않을 경우 창구멍은 공그르기로 한다. ★ 26쪽 공그르기 참고

## (5) 앞판, 뒤판 연결하기

**1** 앞판과 뒤판을 겉과 겉끼리 놓고 박음질한다.

뒤판
앞판

앞판과 뒤판의 모습

**2** 앞판, 뒤판의 겉과 겉끼리 옆선과 안선을 박음질한 후 우마에 올려놓고 가름솔로 다림질한다.

**3** 옆선과 안선의 시접을 접어박기한다.

★ 35쪽 접어박기 가름솔 참고

4 뒤판의 겉과 겉끼리 놓고 시침핀이나 시침실로 고
  정한 후 밑위를 박음질한다.

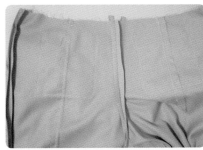

5 가름솔로 다림질한 후 시접을 접어박기한다.

★ 35쪽 접어박기 가름솔 참고

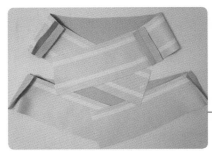

6 요크 밴드를 앞판과 뒤판을 박음질하여 연결한
  모습

위 : 앞판 겉감
아래 : 뒤판 겉감

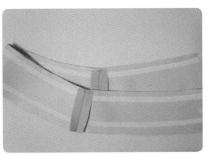

7 겉감과 안단의 겉과 겉끼리 마주 보도록 놓고 허
  리선을 박음질한다.

위 : 앞판 안단
아래 : 뒤판 안단
심지 부착 후 테이핑 처리한 모습

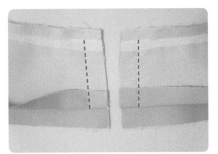

8 안단 시접 1cm를 접어 박음질한다.

**9** 시접을 접어 뒤집은 후 다림질한다.

뒤집은 모습

겉감    안단

**10** 7에서 박음질한 허리를 시접은 안단쪽으로 하고 사이박음 0.2cm 폭으로 누름 상침한다.

**11** 우마에 올려놓고 안단의 시접을 1cm 안으로 접어 다림질한다.

다림질한 모습

**12** 앞판, 뒤판과 요크 밴드를 겉과 겉끼리 놓고 시침핀이나 시침실로 고정한다.
  ★ **11**의 안단 시접을 1cm 안으로 접어 다림질 안 한 쪽과 고정한다.

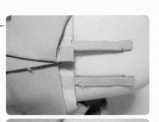

**13** 박음질한 후 지퍼는 가위로 자른다.

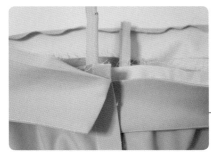

지퍼를 자른 모습

14 옆선 쪽으로 외주름을 박음질로 고정한다.

15 요크 밴드를 넘긴 후 시침실로 안단 쪽에서 앞판, 뒤판과 요크 밴드를 고정한다.

요크 밴드를 넘긴 모습

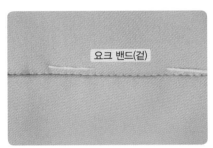

요크 밴드(겉)

16 사이박음 0.2cm 폭으로 누름 상침한다.
★ 요크 밴드 안단이 박음질되어야 한다.

17 장식 스티치 0.5cm로 박음질한다.

## (6) 밑단 정리하기

1 트임 부분을 잘 정리하여 다림질한다.

2 완성선에 맞추어 밑단을 다림질한다.

3 밑단을 안쪽으로 반을 접어 다림질한다.

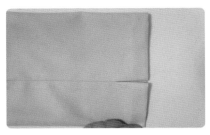

4 공그르기를 한다.
   ★ 26쪽 공그르기 참고

5 다림질한다.

6 트임 부분과 밑단 끝을 장식 스티치
  0.5cm로 박음질한다.

(7) 버튼홀 스티치 단춧구멍을 만들고 단추 달기
   ★ 32쪽 버튼홀 스티치 참고

## 7  완성 작품

# 봉제 순화 용어

★ 한국의류학회, 「봉제 용어 순화집」.

| 용어 | 뜻풀이 | 순화 용어 |
|---|---|---|
| 가가리 (누이) | 시접이 풀리지 않도록 일정한 방향으로 감치는 바느질 방법 | 감치기, 감침질 |
| 가라 | 무늬, 패턴 | 무늬 |
| 가라게 | 천 가장자리가 흐트러지지 않도록 비스듬히 휘감는 바느질 | 휘감치기 |
| 가리누이 | '시침질'을 뜻하는 일본어. 피팅도 포함 | 시침질 |
| 가마 | 재봉틀의 밑실 북을 거는 부분 | 북집 |
| 가부라 | 소맷부리, 바짓부리의 접어 올린 부분 | (밑)접단, 끝접기 |
| 가빠 (갑바) | 긴 케이프의 종류를 지칭하는 포르투갈어 'Capa'의 일본식 발음 | 케이프 |
| 가에리 | 신사복 상의와 같은 남녀복 테일러 칼라의 라펠. 아랫깃 | 아랫깃, 라펠 |
| 가에리센 | 아랫깃이 꺾이는 선 | 아랫깃선, 라펠선 |
| 가에리하시 | 신사복 상의와 같은 테일러 재킷에 달린 테일러 칼라의 아랫깃 끝부분 | 깃끝 |
| 가에시바리 | 실 풀림을 막아 솔기 끝을 튼튼히 하기 위해 한 번 박은 선 위로 덧박아 바느질한 것 | 되돌려박기 |
| 가자리 | '가자리'는 '장식'을, '반도'는 '띠'를 나타내는 일본어 | 장식, 장식 재봉기 |
| 가자리보당 | 장식을 뜻하는 일본어. 가장자리 장식을 나타나게 하는 재봉질 또는 장식 재봉기 | 장식단추 |
| 가타 (가다) | 모양, 본, 형태를 뜻하는 일본어 | 형, 모양, 본 |
| 가타가미 | 옷을 만들 때 쓰는 종이로 된 옷본 | (종이)옷본 |
| 가타누이메 | 앞길과 뒷길의 어깨선을 이어 꿰맨 솔기 또는 바늘땀 | 어깨솔 (기) |
| 가타마에 (가다마이) | 재킷 따위에서 앞길의 단추가 한 줄이 되도록 여미는 것 | 홑여밈 (옷) 홑자락, 싱글재킷 |
| 가타사키 | 소매의 어깨가 끝나는 부분 | 어깨끝 |
| 가타센 | 옆목점에서 어깨 끝점까지 이르는 길이 | 어깨선 |
| 가타와타 | 어깨선에 받쳐 대는 솜. Pad | 패드 어깨심 |
| 가타이레 | 옷본을 생천이나 마킹 페이퍼에 낭비하는 일이 없도록 정확하게 놓는 작업 (Marking) | 옷본놓기 |
| 가타타마 부치 | 테일러 재킷의 가슴 부분에 다는 주머니. Weit Pocket | 홑 입술주머니 |
| 가타쿠세 | 가슴을 돋보이도록 하기 위해 어깨에서 가슴에 걸쳐 넣는 다트 | 어깨 줄임 |
| 가타하바 | 한쪽 어깨 끝에서 다른 쪽 어깨 끝까지의 치수. Shoulder Width | 어깨너비 |

| 용어 | 뜻풀이 | 순화 용어 |
|---|---|---|
| 가후스 | '커프스(Cuffs)'의 일본어식 발음 | 커프스, 소맷부리단 |
| 가후스쓰게 | 커프스 달기 | 커프스 달기 |
| 캬쿠마쓰리 | 옷길 쪽을 잡고 감침질을 하는 것 | 거꾸로 감침 |
| 간도메 (바텍) | 솔기가 풀리기 쉬운 곳이나 호주머니 입구 부분을 보강하기 위해 여러 번 되박는 바느질 | 빗장박음, 빗장박기 |
| 게마와시 | 코트, 스커트, 드레스 따위와 같은 옷의 아랫단 둘레 | 밑단 (둘레), 도련 (둘레) |
| 게징 (게싱) | 양복의 칼라심 등에 사용되는 심지의 일종 | 모심 |
| 겐보로 | 소매의 트임 부분에 덧댄 끝이 뾰족하게 된 작은 단 | 뾰족단 |
| 고방시마 (＝고방가라) | 체크 무늬 | 바둑판무늬, 체크무늬 |
| 고로시 | 봉제 작업 시 본봉을 한 후 다림질 등의 끝손질을 하는 것 | 비벼내기, 끝손질 |
| 고무아미 | 안뜨기와 겉뜨기를 일정하게 번갈아 하는 대바늘뜨기 | 고무뜨기 |
| 고시 | ① 허리, 옷의 허리 부분 ② 엉덩이 | 허리, 엉덩이 |
| 고시마와리 | 여성의 하반신 중 가장 굵은 곳, 즉 엉덩이 둘레의 치수, 남성은 허리둘레 | 허리둘레, 엉덩이둘레 |
| 고시마와리센 (고시센) | 엉덩이 둘레선 | 허리 / 엉덩이둘레선 |
| 구세 (쿠세) | 몸에 따라 나타나는 옷의 형태로 몸새 또는 군주름 부분 | 몸새, 군주름 |
| 구세토리 | 몸새에 맞도록 옷의 군주름을 줄이거나 늘리는 것 | 몸새맞춤, 형태잡기 |
| 기레빠시 | 재단하고 남은 천 조각 | (천)조각, 자투리 |
| 기리지쓰케 | 옷감을 두 겹으로 포개 놓고 두 겹의 목면실로 완성선을 따라 뜬 다음, 실의 가운데를 잘라 남은 실표로 옷의 완성선을 표시하는 것 | 실표뜨기 |
| 기즈 (기스) | '흠'을 뜻하는 일본어 | 흠 (집) |
| 기지 | 옷감을 뜻하는 일본어. 우리나라에서는 특히 양복 옷감을 기지라 함 | (양복)옷감 |
| 기타게 | 드레스, 코트 따위의 뒷목중심선에서 옷단 끝까지 이르는 총길이 | 옷길이, 기장 |
| 깐 (깡) | 금속의 고리, 장식 고리. Buckle | 고리, 버클 |
| 나가소데 | 긴소매 | 긴소매 |
| 나나이치 | 블라우스나 셔츠에 사용되는 단춧구멍으로, 일자형으로 뚫은 단춧구멍 | 일자형 단춧구멍 |
| 나라시 | 천을 재단하기 위해 여러 겹의 천을 펼쳐 놓는 일 | 연단, 고루펴기 |
| 나마코 (자쿠) | 재단형 곡선형 자 | 곱자, 곡자 |
| 나오시 | 옷을 바로 잡거나 고치는 일 | 고침질 |

| 용어 | 뜻풀이 | 순화 용어 |
|---|---|---|
| 낫찌 | '노치 (Notch)'의 일본식 발음. U자 또는 V자 모양으로 테일러 칼라 등에 표시한 가윗집 | 맞춤 (점), 가윗집 |
| 네지끼 (레지끼) | 바지 앞중심에 주름을 잡아 세우는 것 | 바지주름 |
| 노바시 | 줄임 또는 다트로 하지 않고 다리미나 프레스로 옷감을 늘여서 입체로 변화시키는 것 | 늘이기 |
| 누이시로 | 옷을 만들 때 박음질에 필요한 시접분 | 시접 |
| 니혼바리 | 두 줄로 박음질하는 것. 두꺼운 캐주얼 바지 등에 사용 | 두줄박기 |
| 다마부치 (다마구지) | 옷 가장자리를 가늘게 감싸 말아서 하는 시접. Binding | 감싼시접 |
| 다이 | 물건을 떠받치거나 올려놓기 위한 받침이 되는 기구 | 대 (臺), 받침 |
| 다이마루 | 바늘이 원형으로 배열되어 직조되는 원단 또는 그러한 원단으로 만든 옷 | 환편 (環編), 직물 |
| 다잉 (다잉구) | 염색을 의미하는 영어. Dyeing | 염색 |
| 다치 (다찌) | '재단하다', '마르다' 라는 뜻의 일본어 | 재단, 마름질 |
| 다테 (다데) | '세로', '길이'를 뜻하는 일본어로 바지나 치마 등의 옆솔기<br>직물에서는 '다테이토'의 약자로 옷감의 날실을 의미함 | 옆솔기, 날실 |
| 다테 테이프 | 재킷의 칼라나 어깨 등의 옷감이 바이어스 방향으로 늘어나지 않도록 부착하는 테이프 | 세로 테이프 |
| 다후타 | 경사보다 굵은 위사를 사용하여 위사의 굵은 이랑이 보이는 부드럽고 광택이 있는 직물인 태피터 (Taffeta)의 일본식 발음 | 태피터 |
| 단자쿠 (단작) | 옷을 입고 벗기 편하게 하기 위해 만든 트임에 덧붙이는 단 | 덧단 |
| 더블 미카시 | 안단을 재천으로 두 겹을 대는 것 | 두 겹 안단 |
| 덴센 (덴싱) | 직물의 올이 풀린 상태 | 풀린 올 |
| 랍빠 | 일정한 천이나 원단 등을 재봉질 할 때 잘 말리면서 들어가도록 하는 일종의 보조도구<br>'나팔'의 일본식 발음으로, 바이어스 싸기를 편하게 할 수 있도록 도와주는 보조도구 | 가선두르기<br>싸박이 (북한에서 사용) |
| 렛데루 (레떼루) | '상표'를 뜻하는 네덜란드어 'Letter'의 일본식 발음 | 상표 |
| 레데루쯔께 (레떼루쯔게) | '상표'를 뜻하는 렛데루와 '달기'를 뜻하는 일본어 '쯔께'의 합성어 | 상표달기 |
| 료마에 | 재킷 따위에서 여미는 앞길의 단추가 두 줄로 달린 것. 혹은 그런 웃옷 | 겹여밈 (옷), 겹자락<br>더블자켓 |
| 료타마부치 | 재킷의 앞길 주머니 입구의 양쪽을 모두 입술로 만들어 단 호주머니 | 쌍입술주머니 |
| 마도매 (마토메) | '마무리', '끝손질'을 뜻하는 일본어 | 마무리, 끝손질 |
| 마쓰리 (누이) | 천 끝을 두 번 꿰매어 붙임으로써 옷의 단을 처리하는 방법 | 감치기, 감침질 |
| 마에 | '앞'을 뜻하는 일본어 | 앞 |
| 마에카케 | '앞치마'를 뜻하는 일본어 | 앞치마 |

| 용어 | 뜻풀이 | 순화 용어 |
|---|---|---|
| 마에미 (고로) | 윗도리에서 칼라와 소매를 제외한 부분 중에서 앞쪽에 대는 길을 뜻하는 일본어 | 앞길 |
| 마에스소 | 앞길의 도련이나 밑단 또는 하의의 앞밑단 | 앞도련, 앞밑단 |
| 마에칸 (캉) | '걸 (고리)'를 뜻하는 일본어. 바지나 옷의 벌어진 곳을 걸어 잠그는 고리 모양의 단추 | 걸 (고리)단추 |
| 마에타테 | 단추집에 댄 덧단을 뜻하는 일본어 | (단추집)덧단 |
| 마이 | 남녀 재킷류를 가리키는 일본어 료마에와 가타마에의 줄임말인 '마에'가 변한 용어 | 재킷 |
| 마커 (마카) | 옷본을 늘어놓고 마름질한 선을 그리는 것<br>흔히 마킹 (Marking)과 같은 뜻으로 쓰이며, 그와 같은 일을 하는 사람을 가리키기도 함 | 본제작 (자) |
| 마쿠라 | '어깨심'을 뜻하는 일본어. 윗옷 어깨가 올라오게 하기 위해 덧대는 심 | 어깨심, 덧심 |
| 마쿠라지 | 윗옷 어깨가 올라오게 하기 위해 덧대는 심지 | 어깨심지, 덧심지 |
| 마키 | '맒, 감쌈'을 뜻하는 일본어. 옷감을 말아 놓은 것 | 두루마리 |
| 마타가미 | 바지의 샅에서 바지 위 끝까지 이르는 길이 | 샅윗길이 |
| 마타시타 | 바지의 샅에서 바지 아래 끝까지 이르는 길이 | 샅아랫길이 |
| 마토메 | '마무리', '끝손질'을 뜻하는 일본어. 실밥 등을 짧게 잘라 옷을 깨끗이 정돈하는 마무리 | 마무리, 끝손질 |
| 메리야스 | 포르투갈어 'Meias (메이아스)' 또는 스페인어 'Medias (메디아스)'에서 유래한 것<br>우리나라에서는 넓게는 편직물 (니트 제품), 좁게는 내의류를 일컫는 말로 사용되고 있음 | (상의용)<br>속옷 / 내의 |
| 모미다마 | 주머니 단을 가늘게 말아서 만든 것. 속주머니 통단폭을 0.2cm쯤으로 좁게 마무리 지은 입술 | 눈썹단, 눈썹 지퍼 |
| 무다쿠세 | 가슴이 나온 것에 맞추어 옷감을 입체화시켜 형태를 만들기 위한 여러 가지 조작 | 허리줄임 |
| 무네하바 | 앞의 넓이. 가슴 폭 | 앞품 |
| 미싱 | 재봉기, '머신 (Machine)'의 일본식 발음 | 재봉틀 |
| 미카에시 | 길의 앞단, 목둘레, 소매둘레 따위의 안쪽을 뒤처리 할 때 사용되는 천 | 안단 |
| 미쓰마카 | 셔츠 밑단, 프릴 끝단 등을 세 겹으로 말아 접어서 박는 바느질 | 세 겹 말아박기 |
| 미쓰오리 | 천을 세 겹으로 접어서 박는 바느질 | 세 겹 접어박기 |
| 바이어스 | 비스듬히 재단하는 것 또는 그와 같이 재단된 직물 | 어슷 끊기,<br>어슷 끊은 천 |
| 바택 | 솔기가 풀리기 쉬운 곳이나 호주머니 입구 부분을 보강하기 위해 여러 번 되박는 바느질 | 빗장 박음, 빗장 박기 |
| 브레이드 | 장식끈, 매듭끈, 자수, 레이스 등 단 처리나 가장자리 장식에 사용되는 끈 | 장식끈 |
| 비조 | 윗도리, 조끼, 바지 따위의 뒤쪽 가운데 또는 양옆 허리, 어깨 따위에 다는 조름단 | 조름단 |
| 사가리가타 | '처진 어깨'를 뜻하는 일본어 | 처진 어깨 |
| 세나카 | 넓은 의미로 사용할 때는 상의의 깃과 소매를 제외한 부분 중 뒷길을 가리킴 | 등 |

| 용어 | 뜻풀이 | 순화 용어 |
|---|---|---|
| 세비로 | 현재의 신사복 정장의 상·하의 | 신사복 정장 |
| 세우리 | 뒷길에 대는 안감 | 뒷길 안감 |
| 세타케 | 옷의 등길이 | 등길이, 등기장 |
| 세하바 | 옷의 뒷길의 너비 | 뒤품 |
| 소데 | 윗옷의 좌우에 있는 두 팔을 꿰는 부분 | 소매 |
| 소데구리 | 소매를 달기 위해 앞길과 뒷길에 도려낸 부분, 몸판에 소매가 달릴 자리 | 진동둘레, 소맷마루둘레 |
| 소데구치 | 소매에서 손목 부분의 부리 | 소매부리 |
| 소데나시 | 소매가 없는 옷 | 민 소매 (옷) |
| 소데쓰케 | 옷의 길에 소매를 다는 작업 | 소매 달기 |
| 소데아키 | 소매단추가 달리는 곳을 터서 만든 것 | 소매트기, 소매트임 |
| 소데우라 | 소매 안쪽에 넣는 안감 | 소매안감 |
| 소데타케 | 소매자리 윗점에서 소매 끝까지 또는 목둘레 중심점에서 소매 끝까지를 가리킴 | 소매길이 |
| 소타케 | 목둘레의 중심선 (뒷목점)에서 바닥까지의 길이 | 총길이 |
| 스쿠이 | 시접을 접어 맞대고 바늘을 양쪽 시접에서 번갈아 넣어 실땀이 겉으로 나오지 않도록 꿰매는 바느질 | 공그르기 |
| 스소 | 저고리, 두루마기의 도련이나 블라우스, 코트, 스커트, 바지의 단 | 도련, 밑단 |
| 스소구치센 | 바지 밑단선 | 바짓부리선 바지밑단선 |
| 스소누이 | 도련이나 치마의 밑단을 박는 작업 | 도련박기, 밑단박기 |
| 스테미싱 | 박은 솔기를 갈아 박은 부분의 끝에서 약간 들어간 곳에 박음질하는 것 | 시침박기 |
| 시루시 | 의복 재단 시 효율적인 봉제를 위해 초크 등을 사용하여 중요 부분을 표시하는 것 | 표시, 기호 |
| 시리센 | 바지의 엉덩이선을 따라 박은 바느질 선 | 엉덩이선 |
| 시마 (히마) | 원단에 나타난 줄 또는 줄무늬 | 줄무늬 |
| 시마이 | 일의 끝을 마치고 뒤처리하는 것 | 뒤처리 |
| 시보리 | 소매나 깃 또는 밑단에 사용되는 신축성 있는 편성물 | 조리개, 고무뜨기 |
| 시쓰케 | 본 바느질에 들어가기에 앞서 하는 바느질 | 시침질 |
| 시아게 | 옷을 지은 다음 마무리하는 일, 봉제현장에서 주로 다리미질 공정을 이르는 말로 사용됨 | 끝손질, 마무리, 마무리 다림질 |

| 용어 | 뜻풀이 | 순화 용어 |
|---|---|---|
| 시와 | 직물의 표면에 나타나는 주름 | 구김 |
| 시타 (시다) | 일을 도와주는 사람 | 보조원 |
| 시타마에 (시타마이) | 앞에 여밈이 있는 윗옷에서 안쪽으로 들어가는 옷자락 | 안자락 |
| 시타소데타케 | 소매 밑쪽에 있는 시접을 따라서 잰 밑소매의 길이 | 밑소매 길이 |
| 시타소데 | 두 장 소매의 밑소매 | 밑소매 |
| 싱 | '심'의 일본식 발음 | 심(지) |
| 아가리가타 | 어깨 모양이 올라간 것 | 솟은 어깨 |
| 아야 | 옷감의 결이 능직으로 된 것 | 능(직) |
| 아이롱 | '다리미'를 뜻하는 영어 'Iron'의 일본식 발음 | 다림질 |
| 아이지루시 | 두 겹 이상의 천에 바느질 선을 확실히 하기 위해 깊게 홈질하여 실을 자르고 표시하는 일 | 실표뜨기 |
| 아키 | 옷을 입고 벗기 편리하도록 트는 것 | 트기, 트임 |
| 어깨 싱 | 재킷이나 코트의 소매산을 높이기 위해 어깨 부분 안쪽에 부착하는 심지 | 어깨 심(지) |
| 에리 | 옷의 목 주위의 여미는 부분이나 목 주위에 붙어 있는 부분 | (옷)깃 |
| 에리가자리 | 재킷 등의 끝부분에 바탕천과 동일한 색이나 또는 대조되는 색으로 장식 상침을 하는 것 | 깃상침 |
| 에리구리 | 앞길과 뒷길의 깃을 붙이는 부분. 깃을 붙이지 않는 경우는 네크라인을 의미함 | 목둘레선 |
| 에리나시 | 칼라가 없는 옷 | 민깃 |
| 에리마쓰리 | 신사복 상의의 깃 뒤쪽을 감치는 일 | 깃감침 |
| 에리센 | 목둘레선 | 목둘레선 |
| 에리쓰케 | 깃을 윗옷에 달아 붙이는 일 | 깃달기 |
| 에리아시 | 셔츠 칼라의 몸판과 깃 사이에 있는 부분. 입었을 때 겉으로는 보이지 않는 부분 | 깃띠 |
| 에리오사에 | 옷 깃단을 이어 박는 것 또는 박은 깃단 | 깃단 눌러박기 |
| 에리즈(쯔)리 | 옷을 걸 때 쓰는 옷깃 한가운데에 붙인 고리 | 걸고리 |
| 에리코시 | 목둘레를 따라 옷깃이 서도록 한 부분 | 깃 운두 |
| 에리코시센 | 목둘레를 따라 옷깃이 서도록 한 부분의 선 | 깃 운두선 |
| 오리메 | 옷을 접는 선 | 접음선 |
| 오리에리 | 신사복의 테일러 칼라처럼 앞길 깃에서부터 끝으로 접어 넘긴 깃의 총칭 | 접깃 |
| 오모테 (오무데) | 옷감의 겉쪽이나 겉감 | 겉감 |

| 용어 | 뜻풀이 | 순화 용어 |
|---|---|---|
| 오비 | 허리에 대는 단. 바지 따위가 흘러내리지 않도록 매는 허리띠 | 허리띠 |
| 오사에 | 재봉틀에서 옷감을 눌러 주어 바느질이 가능하게 하는 기구 | 노루발 |
| 오쿠리 | 재봉틀에서 옷감을 밀어내는 톱니 | 톱니 |
| 오쿠마쓰리 | 천 끝을 직접 감치지 않고 안쪽의 약간 아랫부분을 감치는 바느질 | 속감침 |
| 와키 | '옆', '옆구리'를 뜻하는 일본어 | 옆솔기 |
| 와키누이 | 옆솔기의 바느질 | 옆솔기 박기(음) |
| 와키 사이바 | 재킷 등의 앞길에서 겨드랑이 아래의 작은 조각 | 옆길, 옆판 |
| 왓펜 | 독일어 바펜(Wappen)의 일본식 용어. 유치원복의 상의 소매 에이프런에 붙이는 것 | 바펜 |
| 요코시마 | 가로로 된 줄무늬 | 가로 줄무늬 |
| 요척 | 옷을 만드는 데 사용되는 옷감의 소요량 | 옷감 소요량 |
| 요코 | 옷감의 가로 방향 | 가로, 씨실 |
| 우라 | 옷의 안쪽에 대는 옷감 | 안감 |
| 우라가에시 | 옷의 겉과 안을 뒤집어서 다시 마름질하는 것 | 뒤집기 |
| 우마 | 어깨 다림질대 | 어깨(소매) 다림질대 |
| 우마노리 | 신사복이나 코트 뒷길의 중앙 또는 양쪽 옆구리의 도련을 튼 것 | 뒤트임, 뒤트기 |
| 우시로미고로 | 뒷길의 어깨에서 도련선까지 이르는 길 | 뒷길 |
| 우와마에<br>(우와마이) | 신사복 재킷과 같이 앞에 여밈이 있는 옷에서 겉에 붙는 단으로 단춧구멍이 있는 옷자락 | 겉자락 |
| 우와에리 | 신사복 등에 달린 테일러 칼라의 라펠을 제외한 부분 | 웃깃, 겉깃 |
| 우치아이센 | 재킷 등의 앞길에 여미는 선 | 여밈선 |
| 유비누키 | 손바느질을 할 때 쓰는 쇠나 가죽 등으로 만든 골무 | 골무 |
| 유키 | 기모노의 등솔기부터 소매 끝까지의 길이 | 소매 바깥길이 |
| 유도리 | 장식 또는 기능의 목적으로 신체 치수보다 더하는 옷의 양 | 여유분 |
| 이세 | 소매산, 스커트의 배 부분의 여유분을 곱게 홈질하거나 박은 다음, 실을 잡아당기면서 수증기와 뜨거운 다리미로 수축시켜 옷감을 입체화시키는 방법 | 여유분(줄임)<br>홈 줄임 |
| 잣쿠 | 영어 'Chuck'의 일본식 용어 | 지퍼 |
| 자바라 | 견, 마, 목면, 화학섬유 등의 소재로 엮어 짠 장식끈 | 장식끈 |
| 조시 | 실이 박힌 상태를 나타내는 일본어 | (박음)상태 |

| 용어 | 뜻풀이 | 순화 용어 |
|---|---|---|
| 즈봉 (쓰봉) | 남성복 바지 | 바지 |
| 지나오시 | 재단하기 전에 비뚤어진 올이나 구겨진 천을 증기 다리미로 펴는 일 | 축임질, 축융가공 |
| 지노메센 | 올 방향을 뜻하는 일본어 | 세로방향, 올방향 |
| 지누시 | 수증기 또는 물로 모직물을 줄이는 것 | 축임질 |
| 지누이 | 두 장의 천을 완성선으로 맞추어 꿰매는 기본적인 바느질 | 초벌박기 |
| 지도리 (가케) | 연속 지그재그 형태의 바느질 | 새발뜨기 |
| 지에리 | 안단에 연속된 라펠의 겉부분이 아닌 라펠의 뒷(밑) 부분 | 아랫길, 안깃, 밑깃 |
| 진파 (찐빠) | 바느질 등에서 한 쌍이 되어야 할 물건이 갖추어지지 않는 것 | 짝짝이 |
| 자고 (차코) | 천에 원형을 표시하는 도구. 영어 'Chalk'의 일본식 용어 | 초크 / 분필 |
| 큐큐 | 한쪽 끝은 둥근 모양이고 나머지 한쪽 끝은 일자형으로 막혀 있는 단춧구멍 | 한쪽막이, 단춧구멍 |
| 트리밍 | 'Trim'은 '갖추다, 장식하다'의 의미로, 의복의 마무리 손질을 할 때 쓰이는 장식물의 총칭 구슬을 타이핑하거나 브레이드로 테두리를 두르는 것, 다른 천으로 부분 장식을 하는 것 | 장식 |
| 하리 | 바늘 | 바늘 |
| 하미다시 | 봉제 후 밖으로 빠져나오는 것 또는 그와 같이 빠져나온 부분 | 내밀기 |
| 하자시 (하치사시) | 겉으로 바늘 자국만 나도록 팔(八)자 모양으로 뜨는 것 | 팔자뜨기 |
| 하코가구시 | 신사복의 윗옷이나 조끼 따위에 다는 상자형의 호주머니 | 홀 입술주머니 |
| 하토메 | 새눈과 같이 동그랗게 한쪽에 구멍이 나 있는 단춧구멍 | 새눈구멍 |
| 한소데 | 소매길이가 짧은 것으로 보통 팔꿈치 위에 있는 소매 | 반소매 |
| 헤라시 | 편물에서 소매나 진동둘레 부분의 코 수를 줄여가는 것 | 코줄임 |
| 헤리 | 가장자리. 바이어스 | 바이어스 |
| 헤치마 (에리) | 칼라 부분에 절개선이 없는 칼라 | 숄칼라 |
| 호시누이 | 되돌려박기를 하여 고정하는 바느질. 단이나 포켓, 칼라 등에 바늘땀이 보이지 않도록 고정하며, 겉에서 속까지 바느질하고 겉은 아주 작은 바늘땀만 보이도록 떠 줌 | 숨은 상침 |
| 후야시 | 편물에서 코의 수를 늘려가는 것 | 코늘임 |
| 후쿠로 | 주머니 | 주머니 |
| 후쿠로누이 | 옷감의 겉을 맞대어 얕은 시접으로 바탕 꿰매기를 하고, 이를 안으로 뒤집어 안시접을 속으로 집어넣어 꿰맨 솔기 | 통솔 |
| 히다 | 옷의 주름 | 주름 |

패턴 그리는 법 & 옷 만드는 법

# 패턴을 그리고 옷을 만들다

2020년 1월 5일  1판 1쇄
2022년 8월 5일  1판 2쇄

저자 : 민옥인
펴낸이 : 남상호

펴낸곳 : 도서출판 예신
www.yesin.co.kr

04317 서울시 용산구 효창원로 64길 6
대표전화 : 704-4233, 팩스 : 335-1986
등록번호 : 제3-01365호(2002.4.18)

**값 29,000원**

ISBN : 978-89-5649-169-1